U0162561

明日世界

未来30年人机不对称共生

木木三◎著

台海出版社

图书在版编目（CIP）数据

明日世界：未来30年人机不对称共生 / 木木三著
. -- 北京：台海出版社, 2024.6
ISBN 978-7-5168-3869-3

Ⅰ.①明… Ⅱ.①木… Ⅲ.①科学技术－普及读物
Ⅳ.①N49

中国国家版本馆CIP数据核字(2024)第104379号

明日世界：未来30年人机不对称共生

著　　者：木木三

出 版 人：薛　原　　　　　　　　　　封面设计：回归线视觉传达

责任编辑：王　艳

出版发行：台海出版社

地　　址：北京市东城区景山东街 20 号　　　邮政编码：100009

电　　话：010-64041652（发行，邮购）

传　　真：010-84045799（总编室）

网　　址：www.taimeng.org.cn/thcbs/default.htm

E - m a i l：thcbs@126.com

经　　销：全国各地新华书店

印　　刷：香河县宏润印刷有限公司

本书如有破损、缺页、装订错误，请与本社联系调换

开　　本：710 毫米 × 1000 毫米　　　　1/16

字　　数：180 千字　　　　　　　　印　　张：14

版　　次：2024 年 6 月第 1 版　　　　印　　次：2024 年 6 月第 1 次印刷

书　　号：ISBN 978-7-5168-3869-3

定　　价：68.00 元

自序

　　总结一下过去，人类追求的根本愿望就三个——永恒、全知全能、无限快乐，其他都是中间产物。过去的人生已经写在历史课本里，无法改变，把视野转向未来或许更有意义。我们未来追求什么呢？我们为什么会有这样的追求呢？我们未来还要面临什么挑战呢？这三个问题便是本书的主线议题。

　　这个时代最可悲的事情是什么？你很勤奋努力，但永远踩不到风口；你聪明，但永远不在潮流中。所谓一步错，步步错，最终满盘皆输。时代变化越来越快，每个人都想知道未来会发生什么，以便有所准备。而大部分的人却只能活在当下，无法预知未来。

　　我认为，我们可以通过了解前沿资讯等来预测将来可能出现的新事物、新变化、新形势等，以为我们未来的生活和工作提供参考。

　　下面这段话，估计大家都听说过："你所赚的每一分钱，都是你对这个世界认知的变现；你所亏的每一分钱，都是因为对这个世界的认知有缺陷。你永远赚不到超出你认知范围之外的钱，除非你靠运气，但是靠运气赚到的钱，最后往往会由于实力不足而亏掉。这个社会最大的公平就在于：当一个人的认知不足以驾驭他所拥有的财富时，这个社会就会有100种方法收割他。"这一段话，也可以用来引出我写这本书的意义。

　　有些人面临中年失业时，突然发现自己离开已有的岗位，什么也不会了，很难或压根找不到适合自己的工作，整个人因此陷入迷茫、失落的情绪中。即使找到新工作，原有的工作经验也几乎用不上，从而不得不在新的工作岗位上重新学习、重新打磨。这时很多人也许会发出感叹：这是社会发展太快，不能怪个人。真的是这样吗？

我们年轻时，不论在学校还是在工作单位，总要学习。但是，由于现在社会更新速度太快，我们所学的知识很快变得无用，我们所掌握的经验也正在失灵，这让我们焦虑和迷茫。

人类社会发展到现在，真正出现大变革，也就是最近100年的事情。如果按照20年一代人计算，也仅仅5代人而已，但是这5代人的差异却非常大。比如，1960年前出生的人，许多人都不会使用电脑和智能手机，而现在10岁的小孩都能熟练地操作它们。这些老年人的生活理念和学习方法，已经严重跟不上时代的发展。既然如此，老年人希望新生代照搬自己过去的生活理念和工作方式，还是否合适？

我们今天讨论的人类命运话题，意义就在于指导下一代人可以更好地生活。想象一下，如果我们的父辈在30年前，哪怕十几年前，就能正确地认识城市化进程带来的翻天覆地的变化，那么，他们就会把这些变化和规律告诉我们，让我们提前在大城市买合适的房子，不至于像现在的很多80后、90后一样，工作、生活在大城市，却迟迟没有能力买房置业。同一代人，买房早的人相对轻松，买房晚的人负重前行。

可见，人们对社会运作规律的认识，仍然是极其浅的，根本构不成科学的体系，以致没有丝毫的预见性。而学校也没有类似的课程可以参考，对于未来，大多数人是两眼一抹黑，走一步算一步。

西方社会谈论一代人往往以二三十年为单位，我们往往以10年为单位，60后、70后、80后、90后、00后，这几十年出生的中国人都是坐上时代快车的一群人，自出生后便被时代推着往前走，走得太快以致忽略了很多东西，尤其是忘了审视自己和未来。我们人生的下一个 10 年、20 年、30 年将迎来什么？我们又将如何布局？

未来 30 年，社会活动的主力明显是现在的新生代。因此，有关新生代命运的话题，我觉得非常值得进行广泛和深入的探讨。现在社会发展太快，既往的经验正在慢慢失效。讨论未来，对新生代的人生决策更有帮助，因为未来一定会到来，随之而来的紧迫性和不确定性都要去面对。而对未来有准备和无准备，会是两种截然不同的结局。

将来，新生代面临的第一个问题是自我"升级"，就像电脑、手机等电子设备软件系统，要通过升级来满足人们的需求一样，新生代如果不升级自己的认知、修养和境界，就会被社会淘汰。

第二个问题就是他们生活的时代威胁很难消除。比如，冷兵器时代，一个人不管他有多强大，他能对付的也不过几个、几十个人；而现在，一个人借助一种武器，可以对付千人，厉害一点的可能会对付上万人。更可怕的是，在未来，一种病毒甚至可能摧毁整个国家或者全人类。到那时，个人的毁灭力会以指数级增长。

那时的人们，虽然走进了高级文明社会，科技日新月异，却可能让人类时刻面临灭顶之灾的威胁。人们根本意识不到文明的发展会带来的种种隐患，也很少思考发展成这样的根本原因，同样也没有人能对这种问题提出解决方案。这或许就是人类发展的悖论。

既然意识到了认清未来的重要性，明白了未来可能存在的安全隐患，那么我们就应该重点研究或讨论接下来 10 年、30 年或 50 年即将要发生的变革。这对新生代而言，很有意义，也很有必要。

关于科学的创新和进步，如这几年大热的话题——人工智能（AI）。在《未来简史》《必然》这两本书中作者做了详细介绍，但其实每个人对于人工智能的认识与未来展望都不一样，不过有一点可能是共识，即几十年后或许我们会面临是继续生活在地球上还是移居其他星球的选择。

未来学家雷·库兹韦尔（Ray Kurzweil）在《奇点临近》一书中把人工智能技术分为三个阶段：弱人工智能、强人工智能和超人工智能。其中弱人工智能，也就是我们现在使用的智能手机、汽车导航等。很多科学家认为，相当于人类水平的通用人工智能大约会在 2030 年甚至更早出现。技术奇点，在我们有生之年就可能降临。随后是强人工智能，智能水平与人类旗鼓相当。再下一步就是远超人类的超人工智能。

而人工智能的智能水平与人类齐平后，只需要很短的时间，就会进入超人工智能阶段（甚至诞生硅基生命），然后迅速与人类拉开几十个智慧层次。所谓智慧层次，我们人类只比猴子高一个层次，猴子比猪、狗高一个层次。想象一下，在一瞬间人工智能比我们人类高几十个智能层次，那时，人类将面临怎样的局面？

人们对于强人工智能的态度分为两派，超过一半的人，包括库兹韦尔在内都持乐观的态度，认为人类将从此进入永生和掌控整个宇宙的时代。而其他人，包括比尔·盖茨、埃隆·马斯克和霍金在内的人都抱有悲观的态度。在一个高收入的老龄国家，人工智能可能会消灭很多职业的社会，我们会不会在时代的发展中被淘汰，一如当年的下岗潮？

无论是乐观还是悲观，都是一种猜测和推断，对于人工智能未来好坏的考量，我们需要一个基础理论作为终极标尺。超人工智能一定会对人类构成重大威胁，我们将面临一个根本无法处理的天敌，它要对付人类比我们踩死蚂蚁还要简单。

再讨论一下未来生物技术危机。今天世界上很多的实验室都在做细胞基因工程研究，人工改造合成各种细菌和病毒。我们人体的免疫系统与地球上现存的病毒和细菌接触了上百万年，所以对它们的防御始终有效，即使再恶劣的瘟疫暴发也不可能杀死所有人。我们知道，当年欧洲人登上南美洲大陆，当地印第安人 90% 以上遭到灭绝，最主要的原因是欧洲人携带了美洲不存在的细菌和病毒——天花、鼠疫和霍乱等，印第安人没有针对这些细菌的免疫反应屏障。

假如实验室或人工智能机器人研制出了某种自然界不存在的细菌，而它又正好是一种致病菌，万一在人群中传播，整个人类的免疫系统都对其无效，那它将带来怎样可怕的后果？灭绝性瘟疫，不知道在什么时候会突然暴发，这也是今天生物学界相当紧张的一件事情。

我们提到的这些问题，都不过是最尖锐、刺眼的问题的冰山一角。而且系统性危机的积累过程是非常温和的，直观感觉是我们人类在不断地解决问题，但就像温水煮青蛙，以我们人类目前的智慧，还觉察不到地球甚至宇宙这口锅的温度在慢慢升高。而当温度高到一定程度时，我们人类又该往哪里"跳"？

可以预见，人工智能极可能更快速地扩大贫富差距。率先掌握人工智能技术的人会打败未掌握人工智能技术的人。一些人将成为同代人永远无法超越的财富精英和科技巨擘。而另一些人，则可能永远被这个时代抛弃。

超人工智能出现时，相信也是人类永生的开始。显而易见，到那时人类社会会有翻天覆地的变化。那时或许不会有任何经济制度，钱对于人没有了意义，因为物资可以按需领取；政治制度一开始可能还在延续，但是很快就会消亡，国界是肯定要打破的；宗教没有了存在的意义；伦理、长辈的概念也不复存在。

最后再说能源。未来的能源成本，在技术突破后，将变得无比低廉，甚至低到可以忽略不计。比如可控核聚变实现后，汽车 10 年或 20 年只需添加一次燃料，能源会用之不竭。工业高耗能企业再也不惧成本的压力，从而会创造出巨额财富，谁掌握了这些财富，谁就能有充分的话语权。

虽然我们没法说明未来的文明社会是什么样子，但是可以站在更高的角度去审视未来，为未来做更多的准备。另外一个角度，现在的新生代，未来大概率是要生活在一个没有国界的社会里的，是要面对全球的，他们中的一些人注定是要服务全球的。所以，我们探讨未来几十年的人类话题是很有意义的；特别是在教育孩子的方向上，更有意义。要让他们清醒地认识到，他们未来可能要服务全球、服务全人类。而我们现在要做的是让他们打开格局，让他们站得更高、看得更远。

木木三

2023 年 11 月 1 日于北京

目录

第一章 短暂的世界

中国的历史教科书上说,中华有5000年文明,这样算起来,以20年为一代人,中国也仅仅经历了250代人。如果按照公元纪年法,到现在的公元2023年,以20年为一代人,也只有101代人。时间很短,明太祖朱元璋没吃过玉米、土豆、花生、红薯,你能想到吗?这些东西都是从美洲传进来的,始于1492年欧洲人登上美洲这个新大陆,而它们被传到中国,基本上已经是清代的事了,大规模推广基本在乾隆时期。

第二章 超级长寿

在目前已知的所有生物科学中,没有任何证据表明死亡是必须的。人类追求的根本愿望就三个——永恒、全知全能、无限快乐,其他都是中间产物。如果有且只有一种欲望,人类无法压制,那一定是求生欲,因为生命进化的目的就是活下去。随着医学科技的进步,人类的平均预期寿命正以每年0.3岁左右的速度增长。

第三章　信息偏食

我们被动接收信息的时间远远超过主动寻找信息的时间，接收的信息会习惯性地被自己的兴趣所引导。当你打开一个 App 时，你觉得你有选择权，能够自由地搜索自己想看的信息，事实上，你几乎没有选择权，因为是平台的大数据在支配着你所看到的一切。

第四章　硅基生命/超人工智能/未来已来

ChatGPT 来了，它会不会打败人类？就目前的技术而言，可能我们的回答是：不会！但是明显的趋势是：先使用了它的人类，可能会打败不使用它的人类。统治地球的归根结底是智能，而不是某一个物种。如果人不再是最智能的群体，那么就会变成被统治群体。超人工智能这种级别的超级智能是我们无法理解的，就像蚂蚁无法理解人类行为一样。在我们的语言中，我们称智商130为聪明，智商85为笨，但我们不知道如何形容智商95270的超人工智能，因为人类语言中根本没有这个概念。超人工智能会给人类带来两种结果：永生或灭亡。超人工智能的出现，将有史以来第一次，使人类物种的永生变为可能。

第五章　智能共生纪元

　　技术越发达的群体越具有优势地位，如果人工智能觉得人类不再是合适的物种，我们可能会消失！在一个由人工智能和其他所有生物组成的未来，如果那时我们还没有灭亡，只有一条出路：变成人工智能！

第六章　搅局危机

　　人类面临的整体危机从来没有像今天这样棘手。我们气喘吁吁地奔波到未来，却有一只可怕的"大怪兽"已经等在那里。我们用修炼一生的技能和它展开厮杀，却好似以卵击石，瞬间被击溃。人工智能正在扮演一个搅局者的角色，让整个社会的秩序发生剧变。不要觉得很遥远，这很可能会发生在未来的 30 年内。

第七章　无条件基本收入

　　未来，人工智能和自动化技术的广泛应用将引发大规模的就业冲击。智能工厂和自动化生产将成为制造业的新常态，对人工的需求指数级减少，大部分传统岗位将彻底消失。大量普通劳动者将被边缘化，社会将迎来内耗群体。这个群体怎么生存呢？他们靠全民无条件基本收入生活，只要不去制造麻烦，就可以安稳地活着，但生存在这个世界上的价值，就变得微乎其微，甚至是零。

第八章　物权模糊

　　可控核聚变一旦大规模应用，巨量的物资被生产出来，物资的所有权变得模糊，人们将会习惯自由取用世界上的大多数物品，而不在乎自己是不是对其拥有绝对的权力。这就如同你并不会在乎你吸入的空气被谁呼出，你呼出的空气会再次被谁吸入。当物资变得像空气一样廉价并容易取得时，其使用方式也会趋于一致。

第九章　国际货币体系的变化

　　我们构建并训练人工智能大模型，使其智能快速上升，到达一定高度后，人工智能便能反哺人类，解决人类遇到的问题。届时，货币体系也会发生改变，掌握能源技术革命的国家，其信用级别会提高，其发行的货币会迅速成为全球主导货币，再结合电子货币的应用，将形成第四阶段的国际货币体系。

第十章　太空矿工

　　小行星 16 Psyche，是由铁、镍、铂、金等金属物质组成，如果将这颗小行星上的所有金属运回地球，其价值总额将高达 10000 万亿美元。这么诱人的财富一定会有人去追逐，这会不会是新一轮的造富运动？

第十一章　多星球寄居

　　1961 年，人类第一次去往了外太空；1969 年 7 月，人类第一次登月，这是自地球上开始有生命以来，人类第一次涉足地球以外的天体。人类从时速 5 千米的步行到时速 1000 千米的飞行跨越，仅用了 70 年的时间，相信在不久的未来，人类最终会实现驾驶着太空飞行器飞往别的星球寄居的梦想。

第十二章　既往经验正在失灵

　　现如今，中国民营企业平均寿命仅 3.7 年，中小企业平均寿命只有 2.5 年；每年约有 100 万家私营企业破产倒闭，60% 的企业将在 5 年内破产，85% 的企业会在 10 年内消亡，能够生存 3 年以上的企业只有 10%，大型企业的平均寿命也只有七八年。因此，一辈子待在一个公司或只做一个行业已经不现实；而只会一门手艺或只掌握一项专业恐怕也已经行不通。也许一二十年后，人类面临的将不是失业，而是根本无法就业，因为那时所谓的"工作"，将无一例外地都需要有特殊技能和特殊才华，社会的剧烈变化会导致原有经验不再适用。

第一章

短暂的世界

　　中国的历史教科书上说，中华有5000年文明，这样算起来，以20年为一代人，中国也仅仅经历了250代人。如果按照公元纪年法，到现在的公元2023年，以20年为一代人，也只有101代人。时间很短，明太祖朱元璋没吃过玉米、土豆、花生、红薯，你能想到吗？这些东西都是从美洲传进来的，始于1492年欧洲人登上美洲这个新大陆，而它们被传到中国，基本上已经是清代的事了，大规模推广基本在乾隆时期。

一、人类早期

根据现今的考古研究，如果以近似人形的灵长类尤其是直立人的出现为标准，人类在地球自然存续状态之中出现、存活并代代相继、传承发展，已经长达数百多万年。并且，就在最近的数十万年之前，人类一直都在相对原始、野蛮、蒙昧的自然境况之中存活。然而，直到1万多年前，人类才得以拥有了高超的意识能力与存活智慧。

人类早期文明的雏形，从是有群体定居开始的，远古的要么灭亡了，要么我们找不到证据，很难证明其存在。地理环境的不同，造就了人类族群不同的生活习惯。一个人的习惯是习惯，一群人的习惯就成了文化。不同的文化孕育了不同的文明成果，比如古埃及、古印度、玛雅、中国等。

目前文明可以追溯的，比如新石器时代，基本是指农业文明的开端，大约从1万年前开始，结束时间为距今5000~4000多年。从距今约300万年前开始，延续到距今1万年左右，是旧石器时代，这个时期持续了大概300万年，或更久一些。旧石器时代用现在的人类眼光来看，那是相当原始的，可能一个古人一辈子都没有离开过他所居住的山谷。旧石器时代的1000年也不会像现在的1年变化这么快，它对今天学术探讨的参考意义不大，所以，我们从新石器时代聊起。

新石器时代就是人能生产制造石器，可以磨尖、磨圆、磨薄等，作为工具来使用。新石器时代和晚期智人出走非洲散布到全世界的过程有密切关系。人为啥要走出非洲，满世界溜达？是为了诗和远方吗？当然不是。一山为什么不容二虎？不是因为虎大王的尊严，而是因为一座山的生态系统只够提供一头老虎的食物。而新石器时代的人们制作这些工具，显然是为了更好地得到食物。

新石器时代开始于距今大约1万年，如果我们以一代人间隔20年来计算，距今仅仅500代人。但是人类的生活或行为方式却发生了翻天覆地的变化。第1代人刀耕火种，第500代人已经全球化，可以借助飞机飞来飞去，可以借助火箭、飞船登上月球，不久还要去火星和其他星球。

二、文明很短

我们熟知的玉米、土豆、花生、红薯等这些植物都是从美洲传进来的，始于欧洲人在1492年登上美洲这个新大陆，距今仅500多年的时间，如果以20年为一代人算，也就是我们往前的25~30代人。

1492年，中国处在明朝中后期，开国皇帝朱元璋在1398年去世，也就是说朱元璋肯定没有吃过玉米、土豆、花生、红薯；这些农作物真正被传到中国，基本上已经是清代的事了，大规模推广基本在乾隆时期开始。

基于此，我们应该认识到，人类活动范围和交流频率真正大幅度提升，就是最近500年的事情，或者干脆说是最近300年的事。近300年前，第一次工业革命开始，人类从手工业时代开始进入机器时代，正式迈入科技发展的道路。而人类近300年的科技发展，最快的一个阶段应该是近百年左右，也就是第三次工业革命阶段。

如果我们在世100年，能见证的历史时期或事件，其实很丰富的。唐朝到现在也不过1000多年，假如王大爷活了100岁，他就已经经历了这段时长的10%。

而且，由于现在交通的跃进式发展，1950年或1960年出生的人（简称

50后、60后）在出行方面基本不怎么坐飞机，而现在的90后、00后，飞机已经成为他们的常规通行工具。50后、60后的生活半径是100千米，可能他们中的很多人没有出过县城；而90后、00后的生活半径是上千千米，他们中的很多人甚至已经在全球旅行。我相信2023后，也许最迟2050后，他们的生活半径可能是多行星，已经超越地球的尺度。

三、人类社会发展

人类文明的发展需要一定的人口基数和适宜的条件。同时，多样性也是文明竞争与交流中的重要因素，这需要相对较大的区域空间。根据这些要求，地球上有两个地区成了世界文明的核心。一个是包括了两河流域、尼罗河流域以及中亚、西亚、北非和环地中海的欧洲区域；另一个是以华北平原为核心的东亚地区。

欧亚非沿海陆地，即环地中海地区，区域广阔且多样性因素丰富。长期的战争和碎片化的文明，使这里成了世界关注的焦点。虽然无法形成统一的集权帝国，但开放性促进了文明的融合，从而在这个地区孕育出了辉煌的科学与文艺。

农业耕作为人类提供了稳定的粮食来源，社会形态得以稳定。人口数量的增加推动了商品交换的需求，引发了新的工商业的兴起。这些变化催生了新的工商业文明体系，商业的兴起对近代人的生活方式产生了深远影响，从农村到城市打工，从城市到全球贸易，社会的繁荣程度前所未有。

社会繁荣了，就形成了文化。

人类的文化，大致经历了三个阶段：

第一个叫神学阶段；

第二个叫哲学阶段；

第三个叫科学阶段。

最初是神学文化，因为人类对自然界中许多难以解释的现象感到困惑。之后，对宗教神学的怀疑促使了哲学的发展，而哲学的兴盛推动了人类的认知进步。紧接着是科学，科学被定义为实践方法。科学又可细分为自然科学、社会科学、思维科学、形式科学和交叉科学。从时间维度上看，越晚出现的科学维度越高。

在文明的进程中，任何有基本判断力的生物主体都不会选择劣势策略，这是注定的。如果你在某种情况下选择了劣势策略，就需要引入一个变量，将劣势转变为优势。

在农业文明的早期，古希腊地区土地贫瘠，当地人很多时候无法获得充足的食物。但古希腊人发现了一个巨大的优势，那就是商业。那个时候，水上运输已经相当发达，相对于陆上运输，水上运输是最廉价的方式。地中海地区呈狭长形，南面是北非，那里的粮食产量很高；东面是两河流域，土壤肥沃，粮食产量也很高；而北面则是欧洲。因此，当地人利用欧洲产的手工艺品或其他商品与这些地区交换粮食，从而形成了贸易，推动着商业的发展。

随着商业的繁荣，越来越多的人加入贸易行业，并以前所未有的速度进行全球沟通。由于不同群体之间的利益、认知和管理需求的差异，冲突不可避免地产生。工商业天生需要制度来约束，否则就会陷入混乱，因此民主制度应运而生。古希腊的民主制度非常完善，早期可以说已经出现了类似今天的议会制度，甚至出现了像陪审团这样的制度，难以想象吧？

我们回顾历史就能发现，社会越发展，人类矛盾越难调和。

自从群居起，人们就要生活在一些固定的区域，否则恶劣的自然环境将使得人们难以生存，这个时候，就要处理人与人的关系。后来，随着人们的认识越来越深，知道的越多，未知的也越多，很多不能解释的现象，只能用神来解释，这时要处理人与神的关系。后面生产力大发展，人类都登上月球了，感觉人类已经战胜了自然，但是恰恰相反，自然的反噬则让人类吃尽苦头，比如传染病、水污染、厄尔尼诺现象等！我们必须审慎地处理人与人、人与神、人与自然之间的关系。

人类创造的文明越多，就越来越依附于文明。我们难以想象，没有统一的国家政权，没有市场经济，没有手机，没有互联网，没有高铁，没有治疗各种病痛的药物和医疗器械等，人类生活会是怎样。文明的发展给我们带来了完善的政治制度、先进的科学技术等，对人类的生存和发展进行全方位的保障。

世界上没有一个民族像中国人那样的能适应环境……忍受灾难和痛苦……这个拥有丰富物质、劳力和精神资源的国家，加上现代工业的设备，我们很难料想出可能产生的那种文明是什么样的文明。

——美国学者威尔·杜兰特

四、全球化

为什么全球化？

全球化带来的是区域产业分工，全球几百个国家不可能都是全能选手，在某个工业领域，某些区域会有其先天的优势，他就会成为这个产业的霸主，其他国家很难，也几乎没有办法与之竞争。全球产业分工后，产业资本慢慢地会集中在某些国家或地区。

而全球化本身，对人类来说到底是进步，还是另外一面？我们应该怎样看待全球化呢？

世界的联系越来越紧密，地球的一个角落和另外一个角落有了关联。两个陌生人，往往较少产生摩擦，真正能让矛盾激化的，更多是熟人，交集越多，矛盾越多，最终形成暴力冲突。力量大的，在一定程度上对力量小的构成不公平竞争，甚至是欺负，这就加剧了全球矛盾冲突的多发性。

世界大战就是典型的全球矛盾无法调和的结果。我们的上一代人，可能都经历过，这样大规模的战争对人类社会是摧毁性的。而今天人类社会毁灭自身的手段比过去要多得多。可以不夸张地说，今天的人类所面临的威胁，比过去更为严峻。

从历史经验来说，人类今天应该有的反思，应该比世界大战时期更深刻，但是今天人类的不自觉也是历史上前所未有的。很难让人自觉地去反思，这是我们现在面临的一个大问题。人类在进入金融资本主导竞争的阶段之后，使得本来已经发生的两极分化更进一步。

在这种情况之下，还有一种不平衡的发展，华尔街的一位高管的工资，可以抵上全球欠发达地区上百万人的收入。这种不平衡，在某些领域也制造了更多的矛盾。

五、文明的冲突

研究近 2000 年的文明发展，可以发现三个基本规律：

（1）新技术可以催生新文明；

（2）新文明一定会在国家间传播（非人类文明除外）；

（3）旧文明一定会反抗。

1820 年以前，中国在世界范围内的竞争力并不差。截取两个时间点，

1500 年和 1820 年，此时的中、欧、非、美四大区域的生产力都在一条水平线上，国家强不强由人口多少而定，所谓人多力量大，有人就有生产力。

进入 19 世纪，欧洲发生了工业革命，新技术催生了新工业文明，并且新工业文明最终取得胜利，但是欧洲新工业文明来到中国，却遭遇惨败。

欧洲人来到中国，看到的是过于强大的农业文明，于是，他们用枪炮撬开中国的大门。这后来的历史，大家都知道了。旧文明的清政府，虽然也反抗，但是大势已去，屡屡割地赔款，与列强签订多个丧权辱国条约，这些遭遇让中国人深深地体会到，不进步就挨打的道理。

六、数据时代

互联网的发展，催生出数据网络文明。1994 年雅虎在美国创立。同年，中国也接入了互联网，与全球最发达的地区，同步进入数字时代，这次我们没有落后。

刚好，这次信息浪潮还赶上了中国改革开放的东风，这让中国的互联网应用场景得以多元化。从 2016 年开始，中国的移动互联网就涌现出了不少全球独有的新模式，比如直播电商、外卖、扫码支付和短视频。而成长于新时代、解放思想的年轻人很愿意拥抱这样的新技术，用他们的话说，那是赶时髦。不懂互联网、不懂信息科技，就是不懂年轻人、不懂时尚、不懂未来。

在这样的时代背景之下，中国出现了很多竞争力很强的企业，比如阿里巴巴、腾讯、京东、小米、字节跳动等。如果说阿里巴巴还有美国互联网的影子，而现在，比如字节跳动的抖音（国外叫 Tik Tok），以独有的算法和内容创作机制，已经引领了全球短视频的玩法潮流。

2022 年下半年，1070 万中国第一批 00 后大学生正式进入社会，他们身上没有生存包袱，这将是改变中国和世界的一代人，是现代中国真正平视世界的一代年轻人！

中国现在拥有全球规模最大的接受高等教育的年轻人，他们没有束缚，拥有更多的精神头、求知欲和创造力，关键他们还勤劳刻苦，在这群年轻人身上，我们能看到蓬勃的生机和巨大的可能性。虽然无法想象这些人在未来30 年能取得的成就有多大，但是只要有足够长时间，他们肯定会让世界更美好。

七、未来 30 年，世界的变化

普华永道的一项报告显示，预计到 2050 年，世界经济体十强国家的排名是中国、印度、美国、印尼、巴西、俄罗斯、墨西哥、日本、德国、英国。

2008 年全球金融危机之后，西方知识界反思资本主义问题的作品突然激增，特别是最近几年。因为所有人都意识到了，世界正在发生一连串极其重大的洗牌。

总之，我们不能拿过去几十年的案例去类比未来，这属于线性外推。未来一段时间，类似可控核聚变等新一轮科技革命将可能彻底让人类迎来经济长期繁荣。

第二章

超级长寿

在目前已知的所有生物科学中，没有任何证据表明死亡是必须的。人类追求的根本愿望就三个——永恒、全知全能、无限快乐，其他都是中间产物。如果有且只有一种欲望，人类无法压制，那一定是求生欲，因为生命进化的目的就是活下去。随着医学科技的进步，人类的平均预期寿命正以每年0.3岁左右的速度增长。

一、从人类追求的三个根本愿望谈起

人类追求的根本愿望就三个——永恒、全知全能、无限快乐，其他都是中间产物。如果没有永恒，人生就像体验卡，用完就没了。仔细回想一下，好像千百年来人类追求的，无论是宗教来世还是名垂青史等，都不过是对永恒、全知全能和无限快乐的追求。《史记》有这样的记载，秦始皇晚年非常怕死，派徐福去求仙问药，以求得长生不老。这大概就是我对秦始皇的印象：他是在追求永恒，只是他认为的永恒是不死。

在一个 10 岁孩子的认知中，活 80 岁和活 100 岁的差别基本上不大，他会觉得一切还早。而对于一个 40 岁的中年人来说，活 80 岁和活 100 岁意味着再活 40 年还是 60 年；而对于一个 60 岁的人来说，是再活 20 年还是 40 年……秦始皇在儿童时期，想必不会对追求长生不老有什么兴趣，随着年龄的增长，他的愿望逐渐迫切。

在目前已知的所有生物科学中，没有任何证据表明死亡是必须的。这让现在的人们有了希望。

所有生命都有一个最基本的欲望：一直活下去。

假设你现在 20 岁，你想活多久？

大部分人的回答可能是：七八十就够了吧，活太久了也没意思。

假设可以健健康康地活到 100 岁，你愿意吗？

我猜大部分人的回答是：愿意。

那么，假设你现在 80 岁，身体健康，你渴望继续健康地活 1 年，到 81 岁吗？我猜人们应该不会拒绝。假设你现在 149 岁，你足够幸运，身体一直都健康，你还希望继续活下去，并在 150 岁依然保持健康的体魄吗？答案依然是清晰的，因为一般情况下，人都不会选择自寻死路。那么，类推一下，当你 500 岁时，估计也不会介意健康地再活几年，这是一个很朴素很自然的愿望，生命都是渴望永生的。

那为什么对于第一个问题，当你 20 岁时，你的回答却是只想活七八十岁呢？觉得 80 岁就够了的，无非是觉得老了腰酸背痛、老眼昏花、无依无靠、衰老和疾病等会折磨你，让你生不如死。这显然是按照当下的生活情况回答的。但同样的问题如果是在 30 年后提问，我相信答案肯定会有变化。30 年后，人类的平均寿命可能是 150 岁，你回答只想活到七八十岁，显然不能代表多数人的意志。

在平均寿命 20 多岁的时候，人们会觉得 70 岁很长寿，而现在人们平均寿命都快到 80 岁了，就会觉得 150 岁很长寿。然而当我们真正可以活到 150 岁的时候，也许会觉得这是很自然的事情。试想一下，当人们健健康康、快快乐乐地活到了 200 岁时，他们有没有理由不继续活到 300 岁？

古语说："人到七十古来稀"！而现代人就不会说这样的话。怎么理解呢？几百年前，人的平均寿命大约为 30 岁。而现在已经来到平均寿命 70 多岁、接近 80 岁的时代，活 100 岁也不鲜见。现代人的平均寿命比古人翻了一番。

那么，怎么才能活到 200 岁呢？

目前我们对衰老的认知还是比较浅薄的，一般认为衰老是进化过程中为了应对过往资源短缺的环境的结果，前人要为年轻的一代让出生存空间。所以，当人类幼崽成年时，父母离死亡也就不远了。

二、地球的人口承载力

人类想要的长寿，甚至永生，一直以来主要有三个方面的约束：（1）栖息空间；（2）食物产量；（3）能源需求。接下来，分别具体论述一下。

（1）栖息空间。人类的主要居住总面积大概只占到地球陆地总面积的五分之一，人类早已经进入了立体化居住时代，可以预见，在未来，人类的城市建筑会越来越高，单位面积所能够容纳的生活空间也会越来越大。所以空间承载力并不是地球人口增长的主要限制因素，也就是说地球的空间承载力还有很大的开发潜力。

（2）食物产量。原始社会，地球上靠狩猎获取的食物估计只能养活 10 亿人；因农业技术发展而定居的时代，依靠农作物及家禽驯化，初制加工业完善，地球承载 100 亿人是没有问题的；当人工智能普及后，垂直农场、无人食品工厂可以 24 小时不间断生产人们所需要的食品，再加上立体空间的综合利用等，地球的人口承载力估计可以达到 1000 亿，甚至是 10000 亿。

（3）能源需求。原始社会，人们在日常生活中对能源的需求一般是只要有能够烧火取暖、做饭的燃料就基本满足了，能源消耗极小。而随着科学技术的发展，单位个体对于能源的消耗越来越大，这无疑给地球带来了极大的压力。但是也不用担心，一旦可控核聚变或者太空探索取得突破，那么我们的能源将取之不尽用之不竭，或许就能满足无限增长的人口需求。

三、技术进化已经取代了生物进化

如果我们以生物进化的方式思考，假设一群摸高2.5米、最高1.8米的人站在一片苹果树林里面，那么他们要分配的资源就是"0～2.5米的可摘苹果"，这些苹果是稀缺的，生物可能突然在几十代进化出一个2.1米的人，那么要分配的稀缺资源可能就是"0～2.8米的可摘苹果了"。但是技术进化就要快得多，假设我们发明了梯子，也许可以摘到6米的苹果。这也是现在统治地球的是人类而不是长颈鹿的原因之一。技术可以解决资源的稀缺性问题，这点从梯子到杂交水稻到垂直农场都可以看到，甚至金子都可以转稀缺为富足。这并不是夸张的说法，根据目前的探测，很多小行星的矿产都超过地球本身，储量可以说是无限大，所以当小行星采矿技术成熟时，我们也许真的能实现需要多少就获取多少。

综合以上，科技的加持让地球的承载力越来越强，这样一来，人类的寿命可以变长，已经不需要非常极致地为下一代让出更多的空间。但是生物进化的速度太慢了，当基因"接收"到这个信息，并"执行"时，估计几千年、上万年就过去了。我们显然没法等待，靠自然进化是不行的。

四、生命的延长线

人类寿命的延长，将经历三个阶段：（1）长寿；（2）超级长寿；（3）永生。

长寿，大概是超过90岁，达到150岁，这是目前人类已知的生理极限。

1949 年，中国人的平均寿命约 35 岁，而 2022 年已经超过 77 岁，寿命延长了一倍多。你能想象到吗？在之前的人类历史上绝大多数人的寿命居然都是如此短。

◆ 收复台湾的郑成功，收复台湾后暴病而亡，死时 39 岁。

◆ 后周世宗柴荣，北伐辽国时患病，死时 39 岁。

◆ 宋神宗，在位时推行王安石变法，死时 38 岁。

◆ "鬼才"郭嘉，曹操第一谋士，屡献奇谋，征伐乌丸时病逝，死时 38 岁。

人生自古谁无死，奈何许多大才英年早逝，为历史留下许多遗憾。

在古代，皇帝的生存条件是最好的，那么他们的寿命是多长呢？我们根据可统计的 305 位中国古代的皇帝得知，他们的平均寿命是 41 岁，离我们非常近的清朝，皇帝的平均寿命是 52 岁。在 305 位皇帝中，寿命超过 80 岁的，只有 5 人，最长的是乾隆活了 89 岁，然后是武则天、钱镠、忽必烈。这些皇帝没有超过 90 岁的，但是没活过 10 岁的还有 10 位。这也就意味着今天我们绝大部分人都活得比皇帝长，归根结底，我们人类寿命的延长，还是需要依赖整体的科学技术提升。

从历史的角度看，在古罗马、古希腊的时候，人类预期寿命是多少？柏拉图、苏格拉底、亚里士多德等看起来也都活了很久，至少五六十岁，其实，那是幸存者偏差，而不被知道的绝大部分人可能因为瘟疫，因为战争，因为营养不良、饥饿，在很早的时候就离世了，那个时候人类的平均寿命其实只有 28 岁，这是《大英百科全书》记载的。

长寿的实现分为几个阶段：

阶段一：平均寿命超过 60 岁，是因为解决了营养不良及抗生素、疫苗问题。

阶段二：平均寿命超过 70 岁，是因为控制了"三高"这些代谢病，比如糖尿病。

阶段三：平均寿命超过 80 岁，要解决大部分初期恶性肿瘤。

阶段四：平均寿命超过 90 岁，要解决中晚期恶性肿瘤及中枢神经系统疾病，比如阿尔茨海默病。

阶段五：平均寿命超过 120 岁，要解决部分基因限制、器官再生移植等问题。

事实上，在 150 岁之前，并没有改变人类的自然寿命，现代医学并不能使人返老还童，只是在身体机能出问题时去修复，延缓死亡而已，本质上没有根本改变细胞的寿命。

1961 年，美国生物学家伦纳德·海弗里克（Leonard Hayflick）提出了著名的"海弗里克极限"。他在实验中发现，人体细胞并不能无限地分裂下去，其分裂次数的极限为 52~60 次，到达这个极限之后，细胞就会停止分裂，直到凋亡。按正常体细胞分裂周期 2.4 年计算，人类寿命的极限为 124~144 岁。这也意味着，从诞生的那一刻起，如果没有疾病，人类的自然寿命极限为 144 岁，甚至更久一些，但 150 岁基本是不可跨越的鸿沟。

南非村妇莫洛科泰莫，出生证明显示她生于 1874 年 7 月 4 日，到 2008 年逝世的时候，已经是 134 岁了，这是目前吉尼斯已认证过的世界上寿命最长的人。

五、超越生物极限

超级长寿，大概指的是寿命达到 150 岁以上，上限可能是 500 岁，也可能是 1000 岁，甚至 100000 岁或更高。它和永生有微妙的差别，还是会有死亡的那一天。

2012 年,《卫报》报道,剑桥大学的奥布里·德格雷(Aubrey de Grey)博士率先提出"长寿逃逸速度"理论,称在 20 年内长寿研究的发展速度将超过自然衰老的速度,人类将因此永续。此外他更在采访中大胆表示:"本世纪第一个能活到 1000 岁的人类,已经诞生。"也就是说,2000 年前出生的某一个人,会活到 3000 年之后。

要想实现寿命的延长,目前来看有后天和先天两类方法,比如后天可以通过营养的调节和医疗的提升,不过这个仅仅是在现有的基础上延长,把原本七八十岁的平均寿命延长到八九十甚至 100 岁,本质并未改变。

按照目前的认知,如果人类想要将寿命延长到 150 岁以上,那就要改变自然寿命,不能以避免疾病的方式延长寿命。一旦到达 150 岁,你身体的某一个器官很大可能会出现衰竭。怎么能让我们的器官不衰竭?或替代衰竭器官让人体继续生存呢?

六、实现超级长寿

现在医学界知识日新月异,有人说 5 年证伪一半。

现代人的目标是利用生命科技来延缓或逆转衰老进程,优化人体结构,使寿命远远超过没有科技干预时的寿命。在这个关键时刻,科技正快速发展,不断地揭示着衰老的奥秘,同时也不断地开发抗衰老的手段。通过科技手段,我们有望将寿命延长至超过 150 岁,从而达到超级长寿。要实现这一目标,我们需要进行健康管理、衰老延缓、超级长寿、不朽与永生等一系列步骤。然而,目前人类只完成了前两步,即健康管理和衰老延缓。

七、端粒

为保护遗传信息，染色体末端有一段重复的双链片段，在细胞每次复制时会被消耗一小段，这种"牺牲"自己来保护染色体的片段就是端粒。端粒长度反映细胞复制史及复制潜能，被称作细胞寿命的"有丝分裂钟"。包括人类在内的绝大多数哺乳动物的端粒随着细胞的分裂而缩短，随着年纪的增长，端粒越来越短。

2009 年，卡罗尔·格雷德（Carol Greider）等三位科学家因发现端粒和端粒酶的机制而获得诺贝尔生理学或医学奖。然而，科学家很长时间都没有发现有效的端粒保护剂。2013 年，哈佛大学医学院遗传学教授大卫·辛克莱尔（David Sinclair）在权威期刊《Cell》上发表文章，称用 NMN（β-烟酰胺单核苷酸）提升体内 NAD+（烟酰胺腺嘌呤二核苷酸）浓度一周后，相当于人类 60 岁的 22 个月大的小鼠和之前"判若两鼠"，其线粒体稳态、肌肉健康等关键指标，与 6 个月大的小鼠惊人相似。2019 年，美国贝勒医学院研究人员进一步发现，NMN 可以维系端粒长度稳定并改善端粒紊乱症状。

端粒保护与修复术正在引领一场长寿革命，但是这终究超越不了人类自然寿命的长度。

八、基因改造

人类基因图谱现在已经绘制完成，标志着科技在遗传工程方向上的一项创新被点亮，很多发明创造都可以在基因编辑基础上完成。

什么是基因编辑呢？基因编辑通俗地讲是通过技术手段在生物的原有基因上插入、删除、修改或替换某种特定基因片段，以改变生物的原有基因，达到使生物改变原有生长规律的目的。

基因怎么被编辑？基因是带有遗传信息的 DNA 片段，任何生物的生、病、老、死等一切生命现象都与基因有关。有的人认为人类是由原子和分子组成的，其实，这本身并没有错，但这是从化学层面来说的；如果从生物层面说，人体则是由细胞组成，细胞内又存在细胞核，而细胞核里就是 DNA。DNA 是一个双螺旋结构，链宽 2.5 纳米，长度可达分米级，换句话说，如果我们将链宽放大到 2.5mm，DNA 的长度将会达到上百千米。可见，这么长的东西在小小的细胞内无规律地乱跑怎么行，于是他被关在细胞核内，并与组蛋白等紧紧缠绕在一起，形成染色质。细胞分裂时就形成染色体。DNA 上有四种碱基，分别是 A、G、T、C，配对原则是 A 只能配 T，G 只能配 C，碱基之间通过氢键结合，最终形成我们看到的双螺旋结构。

DNA 特别长，信息量也巨大。有些片段具有遗传效应，有些则没有，所以我们就把具有遗传信息的 DNA 片段称为基因。但是光有细胞核内的这些 DNA 片段还不行，基因要通过某个信使，通过转录的方式将其带到细胞核外形成蛋白质，才能表现出人类的各种性状，比如白皮肤、黄皮肤或者黑皮肤。这个转录者就是 mRNA，也就是"信使 RNA"。

那么 mRNA 是怎么传递信息的呢？科学家利用酶对基因进行编辑，然后由 mRNA 进行转录，进而合成新的 DNA。改变后的 DNA 就能表现出不同性状。

CRISPR-Cas9（一种基因治疗法）技术的出现改变了基因编辑的过程，使其变得简单、精准和成本低廉。此外，它还可以同时操作一个非常长的 DNA 中的多个基因，这就是基因组编辑。

在植物领域，2013 年开始使用基因组编辑技术，从而增加了更多的转基因作物种类。2015 年，美国食品药品监督管理局批准了一种快速生长的转基因三文鱼上市，尽管它并没有使用最新的基因编辑方法，却是世界上第一种也是迄今为止唯一一种供人类食用的转基因动物。这种超级三文鱼将普通三文鱼长达 30 个月的成熟期缩短了近一半，只需要 16 个月，尽管为了防止其与野生三文鱼交配，破坏野生物种的基因库，超级三文鱼被设计成没有生殖能力，它仍然引发了许多的反对声音，但无论如何，转基因动物已经上了美国人的餐桌。

当然，基因编辑的应用不限于农业，它还具有极大的潜力应用于人类健康领域。基因编辑主要用于治疗疾病。2015 年，科学家们应用 CRISPR 技术从 HIV 患者的细胞中切断了 HIV 病毒，证明了其可行性。在此之后，他们在 29 只老鼠身上进行了实验，成功地将 1/3 老鼠体内的 HIV 病毒完全清除，距离根治人类疾病的目标越来越接近。

接下来，基因编辑被应用于癌症治疗。2016 年，美国国立卫生研究院批准了第一个 CRISPR 临床试验，该试验使用基因编辑技术编辑 T 细胞治疗癌症。人类开始向癌细胞发起挑战，因为癌细胞是由基因突变产生的，并且能够逃避免疫系统的攻击，但是 CRISPR 技术可以通过编辑免疫细胞来追踪并最终消灭特定的癌细胞。

仅仅 4 年后的 2020 年 11 月 18 日，以色列特拉维夫大学的研究人员首次证实 CRISPR 技术可以有效治疗动物的转移性癌症。他们在胶质母细胞瘤和转移性卵巢癌方面取得了成功。人类距离战胜自身最大的敌人——癌症这一目标已经越来越近了。

一旦成功，基因编辑将极大地延长人类的平均寿命。目前，许多与基因工程相关的想法都是基于基因编辑的，例如将线粒体基因移到细胞核中或删除端粒酶基因以降低癌症发生率，还有一些想法需要通过特殊酶来清除细胞间和细胞外的有毒物质。

除了治疗疾病，CRISPR基因编辑技术还可以应用于人类胚胎。这项技术可以在受精过程中完成，其目的是为了避免一些致命的先天性遗传疾病。然而，改变人类基因意味着将改变我们这个物种的基因库。由于这些编辑过的基因将代代相传，引发了关于伦理问题的讨论。

随着科技的迅猛发展，如果不加以限制和约束，道德边界将变得模糊不清。也许在不久的将来，一个没有经过基因编辑的婴儿反而会受到歧视。既然我们可以拥有先天免疫艾滋病的能力，为什么不给自己创造一个更好的身体，拥有正常视力的眼睛、更好的皮肤、更美丽的外貌、更强健的心脏和更聪明的大脑呢？

从理论上讲，利用胚胎编辑技术可以创造几乎不衰老的生物体。例如，我们可以向胚胎中导入许多与延长寿命有关的基因或增加像p53基因这样的抑癌基因，这种编辑可能类似于一种抗衰老的疫苗，有可能将人类寿命延长数倍。

未来的世界可能是通过改造基因来决定每个人的命运，使每个人类的基因达到期望的完美状态。接下来的一步将是突破人类自身的极限，大自然中存在着许多某种生存特性极其突出而人类自身却不具备或是虽具备但难以企及的物种。例如，灯塔水母是世界上已知的唯一能够从成熟阶段恢复到幼虫阶段的生物，也就是所谓的返老还童。从理论上讲，它拥有无限的寿命。如果将其基因应用于人类胚胎，那么人类将彻底突破生老病死的循环。

谈到这里，我们不禁会想，难道我们即将步入一个优胜劣汰、基因决定命运的未来吗？今天，许多类似的事情已经在人类群体中发生了，例如禁止近亲结婚或者通过产检发现胎儿有先天性畸形或遗传性疾病，进而选择终止妊娠。

如果存在这样一项基因技术，可以在孩子受精时为其进行基因编辑，避免遗传疾病，并修复或重新编辑未来孩子携带有高风险疾病基因的序列，同时优化影响颜值的基因，从而生下一个健康、聪明、美丽的宝宝，你会作何感想？

未来30年，这种基因技术实现的可能性非常大。

因此，这在将来很可能会成为人们的普遍选择。毕竟谁愿意让自己的孩子面临各种问题呢？届时也许生孩子已不再是夫妻两人的事情，大多数人会选择在医院进行优生优育，因为没有人愿意让孩子从一开始就处于劣势。

然而，不是所有人都能够接受这种技术，这可能会导致全球不平等的情况。想象一下，一个国家全面实施基因编辑的优生优育政策，而另一个国家禁止这种技术。几代人过后，优生优育国家的公民可能没有疾病、内心健康、颜值高、聪明智慧，而禁止这种技术的国家则显然会面临人口被淘汰的尴尬局面。

当然，基因编辑也是存在风险的，毕竟这种人为的基因进化升级如果出现了技术偏差，后果将是灾难性的。人类不可能无限制地发展这项技术。我们今天讨论这个问题的意义在于，未来存在着各种可能性，我们是主动做出选择还是被淘汰，这将对我们新一代的命运产生重大影响。

基因工程是人类科技进步后不得不面对的问题，尽管你可能不太喜欢，但我们无法阻止未来的到来。

与基因相关的新闻往往能引起人们极大的兴趣。例如，20多年前的"多利"羊，媒体对其进行了长期跟踪报道，称其存在早衰现象。又比如近年来关于基因编辑的伦理边界问题，引发了广泛的讨论，法律如何调整以适应伦理和科研之间的关系？

全球范围内并没有统一的伦理标准，很多时候只是在各种观点中做出妥协。1978年，首例人类辅助生殖（试管）婴儿诞生，面临各种质疑和攻击。

而到了 2016 年，已经有超过 300 万个孩子诞生于人类辅助生殖，其中包括第一批人类辅助生殖（试管）婴儿成了父母，并且他们都非常健康，这让人们重新认识了这项技术，并授予了罗伯特·爱德华兹（Robert G. Edwards）诺贝尔奖。仅过去了 30 多年，我们对一项技术的认知发生了这么大的变化，我们对此的伦理观也发生了变化。

未来 30 年，我大胆地预测，随着营养学及医学的发展，我们会面临自身的寿命延长和体型的变化带来的一系列问题，身高增长对未来影响并没有那么大，但是寿命的延长，会对社会制度，特别是社会保障制度带来挑战。

九、先行者

目前阶段是否有人试图扮演上帝的角色？确实有，中国南方科技大学原副教授贺建奎就是其中之一。2018 年 11 月 26 日，在第二届国际人类基因组编辑峰会召开的前一天，来自中国深圳的科学家贺建奎宣布，一对名为露露和娜娜的基因编辑婴儿于 11 月在中国诞生。通过修改这对双胞胎的一个基因，使她们天生具备抵抗艾滋病的能力。这是世界上首例成功编辑基因以免疫艾滋病的婴儿。

毫无疑问，贺建奎此举是打开了一个神秘的"盒子"。

"基因编辑婴儿"事件引发了广泛关注。专业人士对于实验的动机、合规过程和影响的不可控性等方面提出了质疑。

2019 年 12 月 30 日，深圳市南山区人民法院对"基因编辑婴儿"案进行了公开审判。贺建奎等 3 名被告因非法实施以生殖为目的的人类胚胎基因编辑和生殖医疗活动，被依法追究刑事责任。贺建奎被判处 3 年有期徒刑，并处以 300 万元人民币的罚金。

这起事件揭示了基因编辑规则、伦理底线和技术问题等诸多难题尚未解决。当技术尚不成熟时，面对生命可能承受的风险进行实验，公众的恐慌和质疑声必然会迸发。

这一事件开启了一个潘多拉的魔盒，随之而来的是更多的"盒子"将不断被打开。当大量基因编辑婴儿出生时，我们将面临如何处理存在缺陷的情况，这对社会来说将是一个巨大的考验。目前，即使大多数国家在法律上明确规定禁止使用，但难免存在心怀鬼胎之人，就像电影《逃出克隆岛》中的情节一样，尽管电影情节多为负面，但也可能发生。

技术无法阻止，无论是否愿意。我们只能以积极的态度迎接这种技术的成熟和有序应用。有科学家表示，根据现有技术，CRISPR 基因编辑技术可以"删除"体内的衰老基因，将寿命延长四五十年。最新的细胞疗法通过重新编程细胞，也能延长人类三分之一的寿命。可以预见，这方面的每一项科技进步都将给人类带来自然寿命方面的突破性变革。

假设我们的医学研究能够以当前速度继续进步，并且能够培育出各种人造器官或更广泛地使用延长寿命的医疗植入物，结果将会怎样呢？同时，我们还必须考虑人类能够抵御多少种疾病。在这种情况下，保持身体健康的人类的寿命究竟能够达到多少年呢？

我相信，我们在未来必然大大突破生理和智力极限，把寿命延长到150岁、300岁、500岁，甚至更长，这些都是可能的。超级长寿是一个愿景，也是一个时代。

思考：有没有这样一种可能性，从2030年左右起，人类的生命长度预期将不再是通过出生的日期到预期死亡日期来推算，因为，人类每年所延长寿命会比已经活过的时间还要长？

十、长寿逃逸速度

我们可以合理推断我们的平均寿命将加速增长。可以预见的是，随着科学家在某些技术领域取得突破，人类的平均寿命将大幅延长，而不再仅仅依靠某些传统的方法，如食用某种特定的食物延缓衰老。目前，人类的平均预期寿命每年以 0.3 岁的速度稳步增长。这种每年的增长被称为长寿逃逸速度（Longevity Escape Velocity，简称 LEV）。LEV 每年增长 0.3 岁，需要在医疗和科技等特定条件下才能实现。而且随着技术按照摩尔定律的速度迭代，长寿逃逸速度几乎不会停止。

统计数据显示，在 1900~1990 年间，长寿逃逸速度已经达到了 0.2 岁。而 1990~2020 年间，长寿逃逸速度从 0.2 岁增长到了 0.3 岁。实际上，这期间的增长主要是由于婴儿死亡率的降低。目前，婴儿死亡率已经降到 1% 以下，对统计数据的影响微不足道。尽管如此，长寿逃逸速度仍然稳步上升，即使与此同时有越来越多的人在食用不健康的食品，但上升并未受到影响。

2009 年，一个国外抗衰老组织的负责人创建了一个抗衰老实验室，并大胆预测在 2030 年左右，长寿逃逸速度将接近 1 岁，届时我们将告别与年龄相关的疾病。这个预测并非毫无根据，因为越来越多的人开始关注和研究抗衰老问题，网络上也经常出现抗衰老热潮。实际上，大部分抗衰老研究和商业化活动都发生在 2015 年之后。在 2015~2022 年的 7 年里，人类在抗衰老领域取得的进展已超过了 1900~2015 这 115 年的进展。过去，我们主要研究个别疾病，20 世纪 70 年代，全球大部分地区还在努力解决饥荒问题。然而，在 2015~2022 年的 7 年中，抗衰老事业却迅速蓬勃发展。每个人都希望活得更久，越来越多的人投资抗衰老事业，有了充足的资金和科技进步，在未来的十几二十年解决衰老问题也并非不可能。

衰老可以被视为人类的一种慢性内耗病。2018年，世界卫生组织将其列为疾病，该疾病的代码为MG2A。实际上，它是一系列慢性内耗症状的综合体。它包括7~9个主要因素，如端粒缩短、蛋白质稳态失衡、线粒体功能失调等。随着技术的进步，这些因素中的许多已经得到了解决。目前，针对小鼠的表观遗传年龄和衰老细胞研究已经取得了进展，衰老至少是这7~9个方面的其中2项出了问题。

根据摩尔定律，我们可以大胆地预测，在2030年末至2040年初，我们有望克服衰老问题，到2040~2050年将能够使其实现商业化，到2050年末人类有望摆脱衰老的困扰。

很多人担心，即便我们能活到150岁，在七八十岁后，随着器官的衰老，还是会面临各种各样的疾病，甚至部分疾病导致某些器官衰竭。其实，只要科技进步到一定程度，这样的担心就很不必要了。

十一、再生医学，器官再造

第一例断肢再植手术是在1963年。在1950年时，若手臂离断，说把它冷冻起来，以后有了技术"要接上去"的人只会被认为是疯子；断指再植技术是在20世纪80年代末才成熟的。在20世纪70年代初，有人说手臂断了可以接，手指也可以，照样会被认为是疯子，手指——那可是精细的血管和神经呀，怎么做得到？结果20世纪80年代断指再植从近节成活率1/3到末节都可以存活80%，而到了现在，显微手足医院几乎已经随处可见。可以毫不夸张地说，猴子换头的实验可能都已经在路上了。

器官再造的另外一个技术路线，是全能干细胞。

2022 年，中国科学家通过体外的方式成功培养了迄今为止"最年轻"的人类全能干细胞。再生医学，肯定离不开干细胞，特别是多能干细胞或全能干细胞。

干细胞，为一类具有无限的或者永生的自我更新能力的细胞，分为全能干细胞、多能干细胞、单能干细胞等。全能干细胞理论上讲就是具备无限分化的能力，可以分化成所有的组织和器官的细胞，比如肝脏、心脏等。

在你的心脏还没衰竭前，科学家可以提取你身上的一个细胞，经过基因编辑，把它变成干细胞，然后拿去培养，培养一个全新的心脏，然后移植到你的体内。因为是你自己的细胞培养出来的，不存在排斥反应。同理，肝脏、肾脏、鼻子、耳朵、眼睛等都可以体外培养，在需要移植的时候，随时都有自己的供体备份。

2012 年，日本京都大学的山中伸弥教授，因为干细胞研究而获得了诺贝尔奖。这只是一个开始。

干细胞潜力无限，但是今天还有好多的机制依然没有解决，但随着人们认识的深入及技术的发展，将为整个干细胞未来的方向带来全新的期望。

我们知道人类的精卵结合就会形成一个受精卵，之后在合适的条件和环境下逐渐发育成胎儿。胚胎干细胞就是一种存在于胚胎中可以分化变成各种体细胞进而变成各种组织和器官的特殊细胞。它属于全能干细胞的一种，由于胚胎干细胞的获取会不可避免地严重伤害甚至杀死胚胎，所以，在很多国家属于违法甚至犯罪，实际上已经处于停顿状态。而山中伸弥研究的诱导多功能干细胞，不存在这样的伦理问题。

山中伸弥的研究，并不需要受精卵或胚胎。他是利用体细胞经过一系列的转化重新编程等技术手段，把它变成一种多能干细胞。如果把一个人的细胞比如说真皮细胞、脂肪细胞，经过改造以后再回输给本人，就可以比较少地引发免疫反应，非常适合用于再生医学或者用于治疗疾病，所以山中伸弥教授正是因为这样的成就而声名大噪。

山中伸弥教授最开始的科研，是想通过一些新的技术去修改体细胞。也就是说，看看能不能通过一系列操作，把其他的细胞转化为一种多功能甚至是胚胎干细胞。

2022 年 3 月，中国科学家在这领域取得了重大的突破，得到了全球首个诱导的全能干细胞。这不仅仅是科研上的突破，还用到了全新的技术，比如单细胞测序。这项突破是再生医学和单细胞测序技术相结合的完美典范，也是当前的研究人员在伦理许可的条件下，首次真正意义上把人的多功能干细胞转化为全能性的胚胎干细胞，使得我们成年版本的细胞逆转为具有更多可能性的婴儿版本的干细胞。

这意味着什么？《西游记》里，孙悟空拔一根猴毛可以变一只猴子。我们利用这种技术，取自己皮肤的一个细胞，就可以变一个婴儿。这种技术的发展，使得人类距离自身的无性繁殖越来越近了。不过受制于伦理，大概率这种婴儿不会出现，不过通过这种细胞培养出可以移植的器官，在技术上已经可以实现。

我们的医学技术发展已经经历了从自生自灭到更换肾脏、肝脏、心脏等阶段的跨越，按照这个趋势来看，相信医学能克服衰老。

有没有一种可能性，当我们七八十岁时，借助这种技术，可以给自己备份一整套的器官。当我们心脏不行了时，换心脏；当我们肝脏不行了时，换个肝。犹如汽车零件一样，哪里坏了换哪里。那么我们的寿命延长就指日可待了，全新的脏器在有限的生命里，质量也能得到保障。

干细胞培养器官移植是一个路线，这是生物层面的。还有一个科技层面的路线，也能让衰竭的器官再度焕发青春甚至超越人类器官的功能，这个路线有可能会改变我们的生物外形。

十二、人机共生

一旦科技达到某个节点，就难以回头了。随着新机器的不断出现，只要有需求，人类就会从运用机器的角度来解决新问题，长寿也不例外，它与机器是密不可分的。

永生或者显著延长寿命的话题不是孤立存在的，我们需要从多个领域来看待。其中一个新奇的领域就是半机器人。一些科学家认为，通过与机械或某种形式的机器人合并，我们可以成为半机器人以延长寿命，因为他们认为我们的身体并不是理想的延长寿命的载体。这并非不可能实现的目标，通过替换身体部位，我们可以达到显著延长寿命的目的。过去，科学家们研究了一些人造身体部件，如人造眼睛和假肢等，但它们远不及自然之物。

然而，最近，一项关于人造眼睛的研究被公布，这是人造眼睛首次超越人类眼睛。除了没有人类眼睛的局限性外，人造眼睛在分辨率、感光度和快速捕捉光线等能力方面都强于人类自身的眼睛。实际上，我们的身体非常脆弱，如果我们将人体与半机器人结合，只需要更换部件就可以延长寿命，这将是一种可行的方式。

2020年5月，《自然》杂志发表了一篇关于人造视网膜的研究论文，由香港科技大学范智勇教授领导的团队成功制造出一种媲美人类视网膜的人造视网膜。基于这种人造视网膜的仿生眼在某些情况下甚至比人眼的视觉更清晰。

图2-1 人造视网膜

这一设计是人造眼的创新，它是在眼球的后部安装纳米级光传感器的人造视网膜。这些传感器会测量透过眼前的光线，并通过连接到视网膜背面的电线将信号传递到外部电路进行处理。

人类的衰老死亡主要由疾病引起，随着医学水平的提高，尽管我们已经战胜了许多疾病，但目前仍有许多危害人类健康的疾病存在。药物只是治疗的一种方法，随着微型机器人的发展，科学家们开始探索利用纳米机器群进驻人体作为改善免疫系统的手段。

人体的免疫系统容易被欺骗，无法有效应对某些严重疾病，而纳米机器则不受此限制。根据疾病定制的纳米机器能够在体内游走，直接抵达病灶解决一些棘手的问题，治愈疾病后还能长期驻留在体内，为免疫系统提供保护，从而使延长寿命的目标得以实现。虽然目前尚无法利用纳米机器消除致命疾病，但它们已经可以直接针对病灶进行输药，助力激活人体免疫系统。科学家们已经在小鼠上进行了纳米机器抗癌细胞的实验。

当前科技发展的速度呈指数级增长，我们很难跟上这个步伐。最近，神经链接公司（Neuralink）发布了最新的脑机接口解决方案，该方案通过在人脑中植入导线来治疗脑损伤。这项技术已被证实可以帮助瘫痪患者恢复一些运动功能。虽然听起来难以置信，但可以预见这项技术在未来有广阔的前景，并经历快速迭代。它的最终目标是实现人机共生。

人脑可能是宇宙中最复杂的事物，我们感知到的一切都源自大脑中微小的化学变化和电信号，没有任何人造物品能够达到如此精细的程度，这也是 Neuralink 最令人难以置信的地方。然而，所有关注埃隆·马斯克（Elon Reeve Muck，Neuralink 公司创始人）的人都相信，他会取得成功。如果我们继续沿着这条道路前进，我们的子孙有可能与机器融为一体。这样不仅能够极大提升人类的技能，也有望延长寿命，在技术突破后实现这一目标。

为什么人类选择走这条路呢？实际上，这根本不是人类可以选择的事情。最初制造机器只是为了减轻人类的劳动负担，随着科技的不断进步和机器的日益复杂、人机结合程度的加深，人与人之间的竞争差异日益显现。当"超人类"或"完美人"出现时，那些不愿意落后的普通人只能望尘莫及，结果是人们不得不选择这条路。

近期，我们能预见到什么呢？从脑机接口快速迭代的情况来看，人类的大脑将与电脑融合。换言之，我们的思想和冲动都可以被电脑接收、分析并做出反应。在我们形成连贯思路之前，电脑就已经知道我们的意图。我们输入时的拼写错误会被自动更正，我们的思考会更加连贯，即使我们生气时，电脑也会帮助我们分泌血清素。我们的思维将变得更快、更完美，记忆力无穷无尽。我们的动作也将更加协调，疲劳度更可控。

然而，对整个社会来说，那些能够不断升级自己大脑能力的人将成为主角，其他人则被边缘化。这就是技术伦理存在的必要性。在该技术商用之前，我们需要制定某种规范，为使用该技术的人设定一定的界限。也许到那时，我们将会看到一些半机械人在街头漫步，人与半机械人友好相处。

2026 年，我们的好朋友小明长期受到过敏性鼻炎的折磨，嗅觉灵敏度下降很多，经过诊断，小明的嗅觉灵敏度只有普通人的30%，日常我们很容易闻到的气味，小明却需要很仔细地闻了又闻，才能闻到轻微的气味。于是他接受医生的建议，植入了电子仿生鼻，这种仿生鼻带有传感器，该传感器可以采集气味，并将信号发送到一个像是人工耳蜗的植入物，该植入物的目的是触发大脑中的嗅球，产生不同的嗅觉。小明术后的嗅觉灵敏度和常人一样，他对植入的仿生鼻很满意。

他还是以前的小明吗？

当然是。在2026年，这算是常规手术了，大家都已经习以为常。

2027年，基于人工仿生鼻植入手术的成功，小明在业余时间学习了仿生鼻的电路知识，他发现这种仿生鼻不但可以获得常人的嗅觉灵敏度，如果升级软件，还能获得更高灵敏度的嗅觉体验。这种升级不需要再次手术，只要激活原有芯片的隐藏功能即可，如果激活成功，他的嗅觉灵敏度会超过人类1000倍，会比狗、熊、鲨鱼、大象等嗅觉非常好的物种更灵敏。小明心动了，于是付费进行了软件升级。这一次升级后，小明对自己的嗅觉非常满意，他闻到了空气中各种各样的气味，并且被警方特聘为疑难案件线索顾问，每年由国家发放顾问津贴。

那么，他还是以前那个小明吗？

当然是，不用怀疑。

自从小明获得超过人类的嗅觉体验后，他对新型神经移植技术非常热衷。这一次他又瞄准了视网膜成像植入技术，其实小明的眼睛没有一点毛病，和常人无异。这个视网膜成像植入技术完全不会影响现在的眼睛功能，而是在现在眼睛的基础上增加视网膜成像显示器、传感器及网络组件，到时他能把眼睛看到的东西处理成有用的数据，比如会议纪要等，使生活、工作轻松一半，他即便再有两个兼职都能同时完成，也不觉得累，就相当于只要他睁着眼睛，就有一个高科技秘书为他服务，并且这个秘书的服务速度非常迅捷。手术植入后，小明眼前的场景及数据让他震撼不已，由于身兼数职，他收入迅速飙升，他对此非常满意。

他还是小明吗？

毫无疑问，当然是。

又过了 1 年，小明感觉记忆力大不如前，老是丢三落四，甚至很多好朋友的名字偶尔都不能迅速想起，几年前发生的事情，更是很难想起。于是，他又去做了一个记忆芯片植入手术，这种记忆芯片不但能让他回忆并重新捋清楚从出生到现在遇到的人和事，那些陈年往事甚至可以和放电影一样在脑海里重启，就跟刚刚发生的一样。他甚至能叫出幼儿园所有同学的名字，能清晰描述他们的样貌特征。小明惊呼太震撼了。

他还是以前的小明吗？

虽然他借助植入芯片有了超群记忆力，借助仿生鼻使嗅觉超越人类，借助视网膜植入，生活工作轻松很多，但他依然是那个乐观开朗的小明。

尝到了科技的甜头，小明觉得还能更进一步武装自己，于是他选择了大脑增强术，这是一种扫描大脑和神经的技术，扫描完成后，可以依靠植入的电极及芯片保留小明大脑现有的强项，同时激活大脑中未开发的区域，极大地提高大脑利用率，以处理更多更强大的数据。如果有需要，小明甚至可以借助这些电极及芯片备份现在大脑的记忆和意识，哪怕小明出现脑部损伤意外，也可以通过手术修复大脑。

到这里，小明还是以前的小明吗？

大脑增强术，已经是社会上具有争议性的应用技术了，伦理组织和医疗组织对此争议巨大，特别是关于意识备份，如果有犯罪分子拿到某一个人的意识备份在另外一个人的脑上进行复原（类似把一个电脑系统备份后，拿这个备份安装到一台新电脑上），那么地球上会不会同时存在两个有一模一样大脑的人？这时的肉身只是一种硬件，而意识变成了一个独立的软件。

现在的小明依然强调自己还是从前的自己，只不过是升级版的自己。他认为自己只是嗅觉、视觉、大脑能力得到提升，但是肉体并没有变，自己还是以前的小明。

但是，假如我们把小明大脑的备份移植到一个新肉体上，并在移植的同时做了整形手术，创造一个新的不论是长相、记忆、性格都一模一样的小明，那这个小明会认为自己是原来的小明吗？

一切生命，从唯物主义角度来说，由两个部分构成，即身体与意识。这二者，孰轻孰重，我觉得，意识是本质，身体是表现形式，是意识的载体，所以，意识的重要性，大于身体。

十三、数字化生命

人机共生初期，人类肉体收集、处理的信息占 90%，机器占 10%，此时人类只换了更好的机器眼睛，因得了心脏病换上智能人工心脏，还有智能机械手等；中期，人类肉体收集、处理的信息占 50%，机器占 50%，此时可能大脑植入的芯片已经能帮助人处理一半的日常事务，人不再需要双腿，换上了更智能更有力、速度更快的假肢；后期，人类躯体收集、处理的信息只占 20%，机器占到 80%，甚至更高，此时人类就面临一个选择，从人机共生走向纯数字化生命。

数字化生命最关键的技术是生命与数字的转换，未来或许可以生产一种类脑的芯片，能模拟大脑的神经网络、储存单元等，把人类的大脑数据拷贝进入这种芯片，再借助其他载体让人类生活在与地球平行的元宇宙中。

十四、这就是数字化永生

我们畅想一下未来的场景：

公元2050年，136岁的你虚弱地躺在医院的病房内，你很早就意识到自己接下来的日子不多了，立好了遗嘱，也已经为逝后准备好了一切。这时，你听到一个声音，那是你112岁的儿子与医生的对话。你儿子对医生说："我很爱我爸爸，不论花多少钱，我都会救他。"你听到这里，暗自高兴，虽然孩子小的时候很淘气，现在看来这儿子没有白养。这时医生对你儿子说："你父亲全身的器官大部分都已经衰竭了，心脏换了5次，肾脏换了8次，肝脏换了人工智能的，还有其他器官，都在快速衰竭当中，已经没法再换了，基本已经达到目前医疗技术的生理极限了。"你儿子很伤心地对医生说："那还有其他办法吗？现在医疗技术这么先进，难道一点办法都没有？"医生平静地说："治疗办法基本用尽了，但如果你父亲愿意，可以把意识拷贝出来，成为数字人。"这时，你又陷入了昏迷，你儿子和医生接下来探讨的治疗细节及注意事项，你已经听不到了，只隐约地知道儿子签了同意书，交费去了。

接下来的事情，你是不知道的。医生派护士拿来一个头盔一样的医疗设备，戴在了你的头上，并按照头部位置接好各种传感器。这时，医生面前的电脑上出现了一个进度条："意识正在上传中……1%、2%……10%……"很快，进度条到了100%，医生让护士撤下了头盔。而你依然处在昏迷当中。

第二天清晨，你从昏睡中醒来，感觉自己轻松了很多，并且感觉很饿，很想吃东西。你儿子也很高兴，跟医生反馈了你现在的状况，医生压低声音悄悄地说："你父亲想吃什么就吃吧，这是回光返照而已，他的生物寿命基本要结束了。"你儿子买了很多你爱吃的食物，非常丰盛。你开心地吃起来，并问儿子医生是用了什么新的治疗方案，自己突然感觉好多了。你儿子说："医生用了最好的药，你的病很快就好了，你多吃点。"你估计是药起了作用，事实上并不是，你这种好的感觉只是短暂的，你吃了不少爱吃的美食后，觉得很困很困，然后躺下就睡着了。

也不知道过了多久，你从昏睡中醒来，感觉自己精力充沛，原来身体上的各种不适感全部消失，一点痛苦也没有了。你儿子和医生都在床边，儿子脸上挂着微笑。你很纳闷："自己只是睡了一觉，是什么治疗技术，让自己一下全好了？"这时，医生说，你的病已经痊愈了。"我可以出门透透气吗？"医生说："当然可以，只要你想。"你顿时很惊讶，在住院以前，自己行动都要靠家人搀扶。你从内心里称赞现在的医疗技术真是了不得，自己这么严重的疾病竟然都能治愈。但是你转头发现了不对劲之处，旁边的一张病床上，也躺着一个人，你仔细地看了看，那个人一动不动，面色发白，长相和自己一模一样，看起来已经死亡。医生说："不用惊讶，这是你之前的身体，由于当前的医疗技术不能为原来的肉身续命，但是，借助科技手段，你现在生活在虚拟的元宇宙之中，你的视觉、听觉、触觉、味觉等，都是计算机根据你生前的数据模拟出来的。你可以感知温度的变化、风的吹拂等，和常人无异。如果我不告诉你这是虚拟的，你根本不知道自己生活在虚拟空间。"这时，病房里进来了几位工作人员，他们要把你之前的身体拉走。你很慌张，急忙拦阻。但是工作人员很友善地说："您已经生活在另外一套系统当中，这已经相当于平行世界，您在元宇宙当中，已经不需要之前的身体，您之前的身体属于生物学范畴，他已经死亡，我们要按照现在的法律进行处理。"你很惊讶，接受不了自己已经死亡的事实，现在感觉明明一切都跟从前一样。

儿子还在身边伺候，端来了一碗自己爱吃的面条。你不相信这是假的，你摸了摸儿子的手，儿子的手很温暖，手掌上的茧子你都感受到了。儿子说："爸，你别着急，先吃饭，我们慢慢适应，吃饱后，我跟你解释发生的一切。"于是，你接过来儿子手中的饭，热乎的饭和之前一模一样，面条的香气让你直流口水。你用筷子夹了一些放进嘴里，面条很好吃，和生病前吃的味道一模一样。你更加诧异，自己真的在虚拟空间吗？这时，儿子切换了一下你面前的显示屏，你看到自己坐着的病床是空的，儿子手上没有东西，你手上也没有碗筷。你很纳闷，自己吃到嘴里的到底是什么？太诡异了。这时儿子开口说："爸爸，对不起，你之前的身体确实已经没有办法了，让你生活在虚拟世界是无奈之举，但是你放心，你依然可以生活在我们这些亲人中间，天天与我们为伴，我们没有失去你，你也没有失去我们。"

此时，你算是相信了自己确实生活在另外一个世界。这时医生说："我们在你生前最后的时间，提取了你的意识及记忆，现在你生活在虚拟的元宇宙里，这里承载了你的意识、记忆以及感知，你生物学的生命已经结束，元宇宙生命才刚刚诞生，你仍然可以像之前一样生活下去。"你突然间有个疑问："如果，在自己肉身还没死亡的时候，弄一个虚拟的自己，会怎么样？自己的爱人、房子、车子、存款等，是归虚拟的这个身份还是现实世界的身份？"医生说："你多虑了。你能想到的情况，国家早就考虑到了，早已经有严格的法律。虽然医院可以提取人的意识，但是在生物学生命死亡之前，这份意识只能保存，不能被激活，只有取得《死亡证明》的人，才能激活虚拟意识，绝对不会两个身份同时出现。"你笑了笑，看来是自己多虑了。但是又一个疑问出来了："既然动用了这么高科技的技术，费用一定很贵吧？"儿子明白你的顾虑，安慰你说："不用担心费用的事情，你之前的养老金，还有积蓄，外加医疗保险，加起来就够了，并不需要借钱。"但是，在你的记忆里，自从 105 岁退休后，自己做了很多次手术，换的器官虽然有的是人工制造的可以全部医疗报销，但是也有干细胞器官培养的真器官，这是要自费一部分的，自己的积蓄好像所剩无几了。估计这次需要的费用，儿子垫了不少。

你心想，不能让儿子为自己背上巨额债务，得去弄个明白。你拿出手机，根据身份信息，调出了自己的费用清单，有很多项目，你也不是太懂，在最后的总费用里，大概花掉了 10 万元，医保报销了 70%，商业保险报销了 30%，基本不需要自费。但是有一个医疗额外清单，费用吓到你了。意识提取 70 万元，意识暂存 10 万元，意识激活 10 万元，虚拟空间开户 20 万元，虚拟人与意识对接服务费 50 万元，虚拟空间使用套餐费每年 30 万元，这些累计起来将近 200 万元。在清单的下面明确标注这些额外费用，非医疗保险范畴，全部需要自费。

你深深地吸了口气，这些钱可以在郊区买一套不错的别墅。不过仔细想想也是，现在最先进的技术，怎么可能会很便宜呢？不过自己既然还活着，日子还长，自己可以找个工作，赚钱把这个窟窿给填上，钱的问题总是能解决的。想到这里，你不想再多让儿子负担费用了，于是对医生说："现在我感觉已经痊愈了，马上给我办理出院手续吧，我想回家。"医生说："你刚接入元宇宙空间，办理出院可以，但是不能回家，需要去元宇宙社区，那里有人给你培训，你需要学习与现实世界沟通的方式方法，也会介绍你认识更多的虚拟人士。"医生说他手头还有工作要忙，明天可以办理出院。说完，医生推门就走了。

你有些不爽，自己现在痊愈了，凭什么有家不能回？你从床上站起来，迫不及待地想出去看看病房外面的世界，于是，你伸手去开门，门怎么也打不开，你能看见外面，却出不了这扇门。这时，儿子急忙安慰你："爸，你就听医生的安排吧，你现在是虚拟人，只能生活在虚拟空间，这个病房是虚拟空间，但是门外不是，所以，你走不出去，你现在可以在房间内自由活动，干什么都可以。门外是现实世界，没有虚拟共生的设备，所以你不能出去的。"你听了儿子的话，心里一凉，感觉这虚拟的元宇宙就像是一个牢房，虽然自己感觉还活着，但是处处受限。你儿子接着说："目前医院里，只有这病房内是虚拟共生环境，等明天你入住元宇宙社区，那里都是虚拟共生空间，活动范围很大，里面的环境很不错，比现实世界还要好。"你想了想，有个疑问，自己想回家，那为什么不能在家里装一个虚拟共生的系统呢，这样就能生活在自己熟悉并且温馨的家里。儿子说："家里是可以安装这种设备的，我已经在申请了，需要审批，个人安装范围很有限，并且需要超级高的网络带宽才能无障碍运行，咱们家的网络还需要升级，都需要时间。另外，你住的是比较老的家属院，网络能不能支持，还需要电信部门上门看了后才能确定。另外就是这种设备目前价格很高，即便家里能装，估计也仅仅是室内，你出不了门，每天还是生活在家里的那一小片空间。"

这会儿，你冷静下来了，感觉儿子说得有道理，便不再争辩。"那我怎么去元宇宙社区呢？我又不能走过去，是有人来接我吗？还是你把我送过去？"这时巡查病房的护士来到病房说："您老人家刚痊愈，今天好好睡一觉，明天我们会安排好一切，听我们安排就行了，不要担心。"这时你看了儿子一眼，儿子今年已经112岁了，脸上略显疲态，这么大年纪也是个老人了，不能让儿子太过劳累。于是你对儿子说："我现在已经没有什么问题了，体力也恢复了，你回去休息吧，明天出院的手续，让果果（你孙子）来办就行。"你儿子说："果果明天应该还要上班，我明天没事，过来办吧。""什么，果果今年都90岁了还要上班？"你儿子说："你住院住得太久了，估计是忘记了，你是70岁退休的，我是80岁退休的，现在退休年纪已经到90了，果果再有半年才能退休。"这时你才如梦初醒，自己在六七十岁的时候，社会上天天在讨论延迟退休，你觉得与自己关系已经不大了，就没太关注，自己和儿子、孙子也不住在一起，这种话题也聊得少。

现在想一想，这些后辈真是累啊，从20多岁开始，工作六七十年才能退休，为他们的操劳感到难过。转念又一想，要是老伴在60多岁时没有患癌症去世，现在也和自己一样大了，那时候癌症是绝症，现在是个小病而已。她少享受了六七十年的天伦之乐，并且自己更是已经进入虚拟空间，理论上可以不死。最近发生太多的事，感觉像穿越了很多很多年，脑子里各种画面轮番播放，迷迷糊糊就进入了梦乡，梦见自己重回年轻，和年轻时的玩伴跋山涉水、推杯换盏、开心快乐。

感觉过了很久，窗外鸟儿叽叽喳喳把你吵醒，你发现自己已经不在原来的病房，这是一个新的房间，屋里的陈设也不再是医院的感觉。你还在纳闷的时候，一个声音在耳边响起："爷爷您好，我是您的小管家果果，欢迎入住元宇宙社区。"这个声音很熟悉，是孙子的声音。你赶紧问："果果，是你吗？你在哪？我怎么看不到你？"果果说："我是您的元宇宙管家，以后您在社区的所有疑问，都可以找我咨询，这是按照您孙子的原型定制的，我随时在您身边陪伴您，24小时有事直接叫果果。"你有点疑惑，既然用孙子的原型，我怎么看不到人，只有一个声音跟自己对话。估计管家听出了你的心思接着说："现在元宇宙平台还在升级设计中，只有声音服务，可视服务成本还很高，后期如果您愿意，可以升级成可视的。"你嘀咕了一句："还是钱没到位，钱到位什么都解决了。"管家听到你的嘀咕说："爷爷是个明白人，哈哈，我们房间旁边有高级房间，那里有可视、可触摸和真人一样的管家，就是价格嘛，大概是您套餐的 3 倍多。"你苦笑了一下，现在自己也不错，起码不是死去后什么都没有了。

你又问管家："我之前不是在医院吗？怎么一睁眼就到这里了？谁把我接过来的，我怎么一点都不知道？"果果说："您儿子今天一大早已经帮您办理完出院手续，您的意识已经通过在线传递到我们这里的虚拟社区。""原来是这么回事，我儿子没有跟过来吗？我怎么没有看见他。"果果说："您儿子帮您办理完手续，估计手头有事，先走了，他之后会联系您的。爷爷，我先介绍一下您的房间功能吧？您熟悉一下接下来自己的生活环境。"管家果果接着说，"咱们现在是在您的客厅，这边是卫生间，这边是厨房，这边是阳台，这边是卧室。"你根据果果的提示，四处打量了一番，房间是全新装修的，一尘不染，家具家电也是最新款式，还有几个看起来很高级的科技产品，也不知道是干什么的。这时你又有了疑问："既然自己都是虚拟人了，要卫生间干什么？还要拉屎？"管家说："虚拟人确实不需要卫生间，但是您刚来到这里，生活习惯还是和以前一样，一下改变太多，会适应不了，这也是征得您儿子的同意选的虚拟套餐，包括吃喝拉撒设备及空间，以后如果您适应了，都可以取消，这样还能省一点虚拟空间使用费。这里虽然是虚拟元宇宙，但买任何东西及服务，都是要付费的，当然您也可以去赚钱。"

这时，你感觉自己的肚子有点饿了，看了眼墙上的钟表，是你平时要吃饭的时间点，于是你来到厨房，厨房里油盐酱醋米面粮油都很齐全，你做了一个鸡蛋饼卷生菜，倒了杯牛奶。吃完饭，你想出门看看外面的世界，毕竟这里是第一次来，有点新奇。

出了门，外面绿树成荫、小桥流水、鸟语花香，如梦境一般，非常漂亮，能看到有几个老人在练太极。你继续向前走，眼前出现一个熟悉的身影，那不是小区的老蔡吗？老蔡几个月前因为疾病去世了，估计老蔡和自己一样，都是虚拟人了。老蔡主动和你打招呼："老王啊，你怎么也来了，之前感觉你身体一直很好啊？"你也热情地说道："别拿我寻开心，我年纪比你还大，在这里又成了邻居，真不错。"老蔡说："一看你就是刚进来，门牙上还有菜叶，哈哈。"

你脸上略带尴尬。老蔡看出来了，赶紧解释说："咱们现在是虚拟人了，其实不吃饭也可以的。咱们每个人身上都有一个饥饿模拟器，如果不想吃饭，把模拟器关掉，就没有饥饿感了，也就不用吃饭。如果你想吃饭了，就把模拟器打开。比如三五好友出去整两杯的时候，打开模拟器。"通过老蔡你又学了新知识，看来接下来要跟管家多沟通，估计虚拟世界和现实世界有很多东西还是有区别的。这时，广场上响起欢快的舞曲，一群大妈正开始跳经典广场舞《最炫民族风》。这个广场舞可以说在中国大妈界，无人不知无人不晓。老蔡说："这些人活在现实世界不消停，到这儿还不消停，吵死人。"这时，你的手机响了，低头一看，原来是儿子和重孙子打来的视频电话。重孙子说："太爷爷，你在那边好玩不？现在家里还没有安装虚拟共生设备，要是安装好，邀请你来家里玩。"老蔡说："能来这里继续生活，都是家庭幸福的，看你多么有福气。""那可不是，来这里花了大价钱的，儿子很孝顺。"然后你接着说，"老蔡，这个虚拟社区都有什么啊？不会只有散步、遛弯和广场舞吧？要是这么单调就没意思了。"老蔡说："怎么可能啊，你是刚来还没有摸清环境，也就今天广场舞大妈多，平时也没那么多，大家都还要上班呢。这里什么工作都有，要是不上班，这里的人怎么交每年几十万的虚拟空间年费呢？"你有点疑惑："老蔡，我之前退休的单位很不错啊，我一年的退休金累计也有个二三十万，够虚拟空间使用费了吧？"老蔡说："估计你还不知道呢吧，当你是虚拟人的时候，之前的退休金就停止了，谁会这样一直养你？现在你在虚拟世界，不会老也不会死了，要是一直给退休金，国家也吃不消啊。你可以打电话问问社保中心。"看来最近几年政策变化很快，自己很多东西都不知道。想想老蔡说的话也有道理，退休金不可能无休止地领下去。老蔡说："退休金是政府保障大家退休后的基本生活。现在能进入元宇宙虚拟空间的人，只有一部分，都是自愿自费的，如果不自费来这里，生命就结束了。这个虚拟的空间，是一个新的开始，就跟婴儿一样，不可能有养老金了。"

接下来，你又跟老蔡聊了聊其他的话题，然后就返回你虚拟的新家。回来的路上你想了很多，看来这里是一个全新的世界，还需要自己去奋斗去工作，并建立属于自己的一亩三分地。总不能让年迈的儿子养自己吧，孙子也不行，孙子有自己的家庭，并且上有老下有小。

你现在有很多问题要解决，于是询问助手果果："假如我有天交不起这里的虚拟空间使用费，结果会怎样？"果果说："爷爷，您是觉得这里的费用太高吗？如果交不起费用，可以去旁边的经济适用虚拟社区，那里环境差一些，不过价格便宜，每年只需要5万元的使用费。"你说："那我要是5万元也交不起呢？"果果说："还可以进入休眠模式，把您的数据封存，1万元钱就可以了。如果哪天您想继续在元宇宙生活，再掏个激活费和空间使用费。""那我要是1万元也不交呢？"果果说："要真是一分钱也不交，等您的空间使用时间到期后，虚拟空间管委会会为您暂停服务，如果在规定时间内不续费，那么就会为您销号处理。""销号，是不是就彻底消失了？""是的，但是爷爷您别担心，现在1万元每个家庭都能支付得起，再说，这里的虚拟空间也可以找工作，工资很高的，应该都不是问题。"你心里一阵不舒服，感觉世间总是残酷的，不论是现实世界还是虚拟世界，在哪里生存都不容易。

在家待了一会儿，感觉一个人很无聊，还不如出去走走，外面有很多新鲜的东西。于是，你出门漫无目的地去溜达。大街上，人们也是行色匆匆，看起来都很忙。不一会儿，你走到了一个看起来很破旧的小区，或者压根算不上小区，是城中村吧，建筑无规划地一栋一栋错落排布，地上有很多垃圾未清理，还有污水和杂草，苍蝇还时不时地飞来飞去。空气中飘着臭烘烘的气味，于是你关闭了嗅觉，暂时闻不到恶心的气味了。这时你问果果："这是什么地方？虚拟空间怎么还有这么破旧的地方？"果果说："这就是我跟您说的一年只要5万元的虚拟社区，这里的生活成本很低。"

你正在思考这个地方是谁住的时候，有人叫出了你的名字。你扭头一看，这不是以前同小区的老钱吗，老钱比你还年轻一些，那时在小区你们经常组局斗地主打麻将，他在几年之前去世了，原来他来了这里。你正要说话，老钱说："这个地方气味太难闻了，换个地方说，我家就在前面一点，要不来家喝杯茶？几年没见了叙叙旧。"你点头同意。老钱走在前面带路，你跟在后面，时不时还向四周看看。你问老钱："这么难闻的气味，没人来处理吗？这卫生条件也太差了。"老钱说："这里居住费用低，基本收不来物业费，收的钱，不够用，只能这样凑合过了。"你说："那你能忍受这整天臭烘烘的气味？你怎么不把嗅觉开关给关了？"老钱说："你住的是高档社区吧，这里的人没有这功能。如果我们能把嗅觉关闭，整天闻不到这么恶心的气味，谁也不会花高价去住高档虚拟社区了。"

很快，到了老钱家。老钱一边招呼你坐，一边给你泡茶说："嗅觉开关你可以打开了，闻一闻我这上好的普洱茶，这是在西双版纳勐海一个古寨子的古树上摘的。这个寨子离老班章很近，味道跟老班章一模一样。"于是你打开了嗅觉开关，茶叶的香味扑面而来，但是马上感觉不对，屋里好像有一股潮湿的霉味，就是梅雨天那种味道。你说："老钱，你平时不开窗户吗？这里怎么这么大的霉味？莫非这虚拟空间整天都要下雨？"老钱说："我们经常打开窗户透气的，这里也没什么雨，家里也不潮湿，就是有霉味，基本每家每户都这样，已经习惯了，估计也是元宇宙老板想让我们搬到高档社区的一个办法吧。"你再一次感觉到了虚拟空间的现实，和现实世界是一样的。

你了解老钱的家庭情况，他儿子儿媳对他并不好，应该不会每年为他付虚拟空间的费用，于是问老钱："你是怎么来这里的？"老钱叹了口气："我前两年生病，成了家里的累赘，把自己的积蓄花得差不多了，儿子儿媳看我病情严重，刚开始还问问，后来就不管不问了。当时医院在做一个临床试验，就是提取人类的意识到虚拟空间，我看自己也活不多久了，就报名当志愿者，因为是临床试验，费用全免了，这样总比死掉什么都没有好一些。"你对老钱说："太划算了，我来这里，花了200来万，我付出的代价很大啊，你这算是直接赚了200万。"老钱一脸无奈，"你是不清楚啊，我那会儿还是临床试验，技术还不成熟，刚到这里的时候，要么记忆丢失一些，要么胳膊腿疼，嗅觉听觉味觉都时不时失灵，痛苦了半年，技术才逐渐完善，各种设备也调试好了。我刚来时，整天憋在屋里，也不让出门，说是外面还没调试好设备，只能待在屋里，这里也没熟人，跟坐牢一样难受。差不多一年多了，户外才开放，那时心情才好一点。当差不多都健全的时候，医院通知说临床试验结束，接下来空间使用费要自费了，于是我靠在这里打工赚的一点钱给自己交上了。你也知道，我没什么技术，在这里赚钱也难，住不起高档社区，就在这里凑合过了。"你喝了一会儿茶，又闲聊了一会儿，觉得这里霉味越来越重，又不好意思当着老钱的面把嗅觉关掉，于是就告别老钱准备回去。

你在回去的路上想，自己以前还有点手艺，找个工作应该比老钱容易很多，所以也就不急着上班，先熟悉熟悉这里的环境再说。路两边有不少商店，卖什么的都有，你大概看了看标价，东西都挺贵的，再看看自己虚拟账户的余额也不算太多，也就不敢购买。回到自己的小区，小区里有超市、各种私人会所、KTV、美容店，还有宠物店和足浴按摩店等，看来小区提供的服务还蛮丰富，大概溜达一下，你就回去睡觉了。

第二天醒来，还很早，天刚刚亮。你弄了一些吃的，就出门继续溜达。小区很大，大到在现实世界是不可想象的，放眼望去都是大楼，远处还有很多别墅，但是别墅都是独立成院的，有大院围合，大门都有保安看守。小区单广场都有几十个，还有很多空地等待开发。你来到一个别墅大门口，透过大门向里看，里面的设施果然比自己住的要好，绿化更精致，用料看起来更考究一些。你想进去看看，但是保安把你拦住说，只有本院业主可以进出，或者有他们的邀请函，其他人是不能进去的。你眼睛一转，想蒙混进去，"我有个朋友就是住这儿的，他昨天还去我那玩了呢，也没人拦，我今天去他家做客。"保安说："那你有他的邀请函吗？"你说："没有。"保安说："那你不能进，这个社区的规定是高档社区人员，可以随意去低级小区，但是低一级小区的人员不能随意去更高档的小区，这是规矩。"你一口老血差点喷出，这不是赤裸裸的歧视吗？你刚要争辩一番，刚好赶上保安换班，刚才跟你说话的保安下班走了。来换班的保安笑着跟你打招呼："这不是老王吗，你来这里干什么？"你听声音很熟悉，但是这个人自己明明没有见过，他看起来二十来岁，根本不是自己这个年龄段的，自己身边很少有这种年轻的朋友。保安说："老王，再仔细看看，我是老蔡啊，我来这里上班，公司有规定，为了保持形象，每人都发了定制的皮肤和衣服，你认不出来了吧？"你仔细一看，确实有老蔡的感觉，但是像返老还童一般，自己认识的老蔡一百多岁，这是二十来岁的老蔡，当然认不出了。你很惊讶地说："你这皮肤是怎么搞的，看起来很年轻啊，前两天见你也不是这样啊？"老蔡说："这皮肤和衣服只有在工作时能穿，回家要卸下来，你见我时是下班时间。如果在下班时间穿皮肤，要付费的，我现在没那个钱买。"你又心里一惊，想当年手机游戏里的皮肤，现在成了虚拟空间里的生活啊。老蔡说："按规定，这个院，你是不能进去参观的，不过我今天值班，你可以进去溜达一会儿，尽快出来就行了。"你心里想，在哪里都是有熟人好。

老蔡打开电动大门，你走了进去。这里的别墅真是先进啊，比现实世界不知道好了多少倍，有富丽堂皇的、有清雅别致的、有高大肃穆的、有小巧精致的。绿化部分更是有世界各地的奇花异草，基本自己都叫不出名字，部分只在电视上见过。你来到一个中式别墅面前，这个别墅占地很大，有一个游泳池，泳池旁还有遮阳伞和桌子、躺椅，桌子上有各种水果和饮料，还有一些甜点，你看着，很是羡慕，这要是自己家该多爽啊。于是你问管家果果："住这个别墅要多少钱？"果果说："爷爷，这个社区每年套餐基本费用是100万元，别墅使用费是80万元，还有一些增值附加费用大概20万元，一年下来200万元。"

我们是第一代获得生物永生的人，还是最后一代死于衰老的人？这个问题的答案将取决于我们在未来30年的行动。

十五、长寿的意义

现如今整形医院犹如雨后春笋般在大街小巷冒出来，其数量超过人们之前的想象。健康的人，为了追求颜值，趋之若鹜。他们不整形不能生活吗？显然不是。他们要的是在原本的基础上使自己更年轻、看起来更好看。这其实是在满足某种心理的需要。

但是整形，是要经历一段痛苦期的。大多的整形需要通过手术来完成，而这个过程少则一到两天，多则需要半个月的时间。很多的人认为，花这些时间和忍受这种痛苦是值得的。

整形相比寿命的延长给人带来的心理安慰，可以说不值一提。

生命的价值不仅在于知识，还有情感等一系列我们认为极其重要的东西。当我们的生物形貌衰老枯萎凋零时，附着于其上的我们一切的追求、梦想、信仰、爱都随风飘走，实在是可惜。许多心理学派亦把大量的恐惧和焦虑归结于死亡，并有相应的原理和术语；许多宗教信仰中，从死亡的身体中超脱的灵魂，以另外的形式获得了"永生"，并给了人心灵上的寄托。我们可以把对衰老、死亡等生老病死之苦引发的多方面的焦虑笼统地称为"年龄焦虑"。生活中的许多苦恼都和年龄焦虑密不可分，并深深影响着我们的梦想、爱、快乐、人生的意义和进化，以及人类的未来；而在超级长寿时代，许多这方面的壁垒和障碍将迎刃而解。

死亡是一种原始的恐惧，人人生而怕死！

有人说，寿命延长很难实现。其实，不要忽略这股推动的力量。经济价值足以推动人类长期进步。现在，如果有人告诉你，只要你愿意把自己财富的90%拿出来，就能换得150岁的长寿，你是否会同意？我想会同意的人不在少数。那么这些财富汇集到一起就是一个天文数字，足以让更多公司和个人为此奋斗。

另外一股推动力量，就是人类对死亡的恐惧，宗教、科学都不能消除人类对死亡的恐惧。我们可以想象一下，世界上最富有的500人，或者最有钱的1万人，总是会有人不惜身家地向长寿靠近。他们有足够的实力推动科学家向这个方向努力，这个动能难以想象。

如果有且只有一种欲望，人类无法压制，那一定是求生欲。

如果在30年后的某一天，科学家宣布，在长寿上取得了进展，只要吃一种药，便足以让普通人活到150岁。人们为了得到这种药，会不会像秦始皇晚年一样癫狂？会不会引起各方利益的冲突，乃至爆发战争也在所不惜？

超级长寿，应该是全人类都能分享的。超级长寿技术最初出来时，可能仅限富人用，但是掉价的速度肯定会比绝大多数人想象得快。

富人和穷人的差距看起来是钱，本质上却是时间。未来学家雷·库兹韦尔从价值的角度分析贫富差距的年份，在1900年完全就是一辈子，在2005年贫富差距大约有10年，2030年大约就只有2～3年了。

从生物技术来看，近来生物医药发展迅猛，现在的基因测序成本和癌症靶点疗法的价格都是超摩尔定律指数下降的。这样一来，普通人和富人享受的医疗资源差距将会越来越小。

有人会问，现在医疗保险、退休金制度都是按照平均寿命七八十岁设计的，一旦人类寿命延长到150岁，卫生医疗系统将迎来严峻挑战，商业保险公司破产就会成为必然。我们怎么保证充足的资金应对这种变革带来的冲击呢？

在未达到超级长寿前，人的寿命肯定是要被框定在150岁以内的，大部分人的自然寿命不超过100岁，医疗保险和退休金制度当然要按照现状设计。按照现在的情况，大约从八九十岁起，大部分人的生命质量就会严重地下降，甚至生活不能自理。大部分人都认为老龄化会给社会带来很多问题，不足为奇，对此我倒有不同的看法。

未来30年，随着机器人的普及，人们会从各种重复烦琐的工作中解放出来，大部分人的工作时间由原来的996（每天早9点到晚9点，一周工作6天），变成966、965、1055……最后可能变成一周只需要工作1~2天。虽然老龄化了，但是因为机器人的加入，劳动力反而过剩了。那么每周5~6天的业余时间，我们要干什么呢？跳广场舞？打游戏？旅游？还是发明创造？

工作之外，追求身心愉悦和生活幸福，是永远都绕不开的话题。那什么是幸福？什么是快乐？更少的工作时间是不是会更快乐？也不尽然。

还有就是，现在很多人的生命成长路径一般是 20 岁之前基本在校园，20~65 岁主要是工作，65 岁之后什么也不干。而如果寿命延长到 150 岁呢？退休年龄是 120 岁，那么 20~120 岁一直在工作，这显然不可能。这时，再教育再学习就是必然的，否则，适应不了社会的发展。不可能拿 20 岁之前建立的知识系统一成不变地生活下去，时间跨度太大了。当人们变老后，总是怀旧可不行，与时代脱节，自然会被时代抛弃。解决办法就是，我们要有拥抱未来的心态，要能"活到老、学到老"。

未来几十年，我们终将超越目前的生理局限，特别是在生命的长度上。当这天到来时，我们估计要为昔日各行各业已经逝去的伟大人物而感到惋惜。他们的存在并非为了人类的提前享乐和懒惰，毕竟我们一直都需要借助科技去减轻人类的痛苦，包括但不限于贫穷、疾病、衰老以及心灵的钝痛。

人是在无意义的宇宙中生活，人的存在本身也没有意义，但可以在存在的基础上自我塑造、自我成就，活得精彩，从而拥有意义，这就是存在主义。从这个角度上说，无论克不克服衰老，追不追求长寿都没错。只有通过长寿延长存在的时间，我们才能有更多的时间去探索，去追寻爱和梦想。毕竟我们人类是在不断地成长，思维模式也在不断地开拓，这些都是需要时间的。多一些时光，就多一分精彩。

十六、数字永生优势

有些人的生命，是因意外事件而结束的，比如地震、车祸、火灾等。而数字永生可以很好地解决这个问题，即使出现了不可抗力导致的意外事件，例如服务器在地震中损坏，也可以通过恢复在异地备份的数据解决。有了数字永生技术即便遇上地球毁灭这样的情况，也问题不大，我们可以在月球、火星等地进行数字备份。

数字永生的另一大优势是可以有效应对生物的资源需求问题。现在全球有大约80亿人，这样的人口规模，大家都已经感觉很拥挤了。如果大家都活到200岁，那时的地球上会有多少人？地球上的人口会不会是现在的100倍甚至是1000倍？地球的极限到底是多少？会不会因为人口超过地球的极限而导致恶劣的情况出现？数字永生技术可以解决这一问题，现在一台先进的服务器只占地一平方米，可模拟几十万甚至上百万人的大脑数据，如果需要模拟全人类100亿人甚至1000亿人的数据也占不了几万平方米。根据摩尔定律，计算机算力和储存的增长速度是每过几年会翻很多倍，而人口的增长速度不可能这么快，所以不用担心地球的承载力问题。

尽管宇宙探测技术已比较先进，但我们却连确定适合人类移居的星球都没有发现，这是为何？原因有很多，就单单从人类需要氧气才能生存这点出发，就排除了太多的星球；另外人类还需要合适的气压、适宜的温度，还不能有很强的辐射、空气中还不能有毒性气体。而数字永生，就根本不需要考虑人类生存的参数，只要有电，服务器、通信设施可以运行即可。

交通工具的光速飞行，目前看基本实现不了。哪怕到宇宙二级文明阶段，能接近光速的飞行器估计也研发不出来。按照现在的科技，我们去一趟火星，飞船起码要飞行几个月甚至几年。如果我们是数字化生命，那就不一样了，只需要在火星上建立一个数据接收器，我们从地球直接发信号过去，等数据传输完毕，就可以在火星上生活和工作了。

第三章

信息偏食

　　我们被动接收信息的时间远远超过主动寻找信息的时间，接收的信息会习惯性地被自己的兴趣所引导。当你打开一个 App 时，你觉得你有选择权，能够自由地搜索自己想看的信息，事实上，你几乎没有选择权，因为是平台的大数据在支配着你所看到的一切。

一、"信息茧房"

打开手机，先下载抖音、微博或者快手什么的 App，注册一个新账号，连续 3 小时刷关于美食、做饭的视频或者关联内容。然后就会发现，今后这类 App 推送的东西有 60% 以上都是相关的内容。在某 App 刷了一会儿搞笑视频，从此以后它向你推送的搞笑视频就多了；搜索了一次某类服装，关于这类服装的广告推送马上就发送到你手机里；浏览了某明星的八卦，同类的八卦此后就源源不断地向你推送……这些都不是偶然，这就是大数据针对你的喜好标签化，是一种叫"算法"的东西根据你的喜好推荐给你的。

如果，你不再主动搜索或关注新的话题，就会不断地被推送同样的内容，几乎就接触不到其他新鲜的或者说更能带来价值的东西。也许有些人觉得，我了解我喜欢的东西，并没有什么问题。是的，没错。但是，这种大数据推荐算法无形中剥夺了你的选择权。长此以往，你的兴趣将会越来越固定，同样，对于新鲜事物的好奇心也会逐渐下降甚至消失。

这就是"信息茧房"！

信息茧房指的是人们在互联网上只接触和消费符合自己兴趣、观点和价值观的信息，会习惯性地被自己的兴趣所引导，而忽视或排斥不同或相反的信息，从而形成一种自我封闭的信息环境，将自己的生活桎梏于像蚕茧一般的"茧房"中。

互联网的个性化推荐算法确实有优势，它可以帮助用户过滤掉不感兴趣的内容，提高获取信息的效率。这种推送信息的算法的出发点似乎也无可厚非：既然你关注此类信息，我就主动给你多提供此类信息，照顾你偏好的同时，也提高了用户的使用黏度。岂不是双赢？的确，随着媒体技术的发展，这种个性化推荐算法已经越来越成为人们在互联网上获取信息的主流方式。

同时，这种算法存在一些潜在问题。

个性化推荐算法往往会将用户置于一个信息过滤的环境中，让用户接触到的信息更加符合其偏好。这可能导致信息的局限，使用户难以接触到多样化的观点和信息，从而影响他们对世界的全面和客观认知。

个性化推荐算法可能会强化用户的已有偏好和兴趣，导致他们进一步远离其他领域的知识和观点。这可能会导致用户形成对某些主题的过度关注，并丧失对其他重要领域的关注和理解能力。大数据最可怕的就是，它可以24小时不间断地推送给你感兴趣的信息，这样一来，"茧房"的壁垒就会增厚。

由于信息技术提供了更自我的思想空间和几乎所有领域的海量知识，一些人还可能借此逃避社会中的种种矛盾，成为与世隔绝的孤立者。特别是那些重度电子产品依赖者，他们每日可能都活在自己的世界里。

就好比一个孩子喜欢吃糖，如果他越爱吃、越想吃，你就越给他吃，他可能就会变得偏食，就不愿意好好吃饭了。同理，如果总是被自己喜欢看到的信息填满，我们自然没有时间和精力去看那些不那么好看但却对自己有用的信息。

这就是信息偏食。

信息偏食可以理解为"信息茧房"导致的结果，只接触自己喜欢的信息，对于自己不了解或者不喜欢的信息，无视，不接触，不了解，不学习。

长期信息偏食，将会使我们在无意识中缩窄自己的眼界，使自己"营养不良"。身处"信息茧房"之中，犹如把自己封闭在回音室里，每个人听到的只是自己的回音，相同的意见会不断被重复，不同的观点会被过滤，这无疑是一个作茧自缚的过程。

互联网世界中算法获取信息的方式无疑大大加强了"信息茧房"+信息偏食的效应。

如果掌握这些大数据的人跟你谈恋爱，是不是可以把你拿捏得死死的？

信息偏食的现象，将暴露出一个问题：先进的技术正在以牺牲人类隐私的方式逐渐剥削人的自主选择权，甚至引导和塑造人的行为。

我们正处于互联网和智能设备普及的大数据时代，这个时代以"个性化定制"为名，实际上牺牲了我们的选择权。作为信息的主体，我们失去了控制自己信息的权利。

此外，大数据迎合了人性的欲望，满足了我们当下的需求，使我们更容易沉迷其中并受其引导和塑造。根据学者2017年的调查，大学生为了寻求情感上的支持和解决孤独感，经常使用手机来排解或回避孤独，导致手机依赖现象普遍存在，62%的大学生高度孤独且严重依赖手机。

互联网的发明本来是为了让我们更高效地获取信息、拓宽视野。然而，平台的数据支配着我们所看到的一切，互联网不会自动提供最有用和精华的信息给我们。

在大多数情况下，人们倾向于接触和相信与自己原有态度、观点和喜好相吻合的内容，这是人类天生的特点。传播学上有一个理论叫"选择性接触"，指的是受众习惯于接触与自己观点、立场和喜好相符的信息，而避开与之相悖的信息，以求心理的平衡与和谐。

从认知心理学的角度来看，"信息茧房"一直存在，人们一旦形成观念就倾向于坚持，然后进入第二阶段——信息偏食。互联网世界进一步放大了这种"信息茧房"效应，并被商家利用，以迎合人们的懒惰心理。

在传统媒体时代，人们阅读几乎一样的报纸、收看差不多的新闻，这些综合性的媒体能够提供一种"共享"的效果。然而，进入互联网时代后，我们面临着信息爆炸。在 Web 1.0 时代，信息只能阅读，没有动态链接、交互性。除了一些资讯门户网站外，普通用户很少有机会发表观点或输出内容；广告也并不普遍存在，用户通过搜索来获取特定内容，信息的接收主要依靠自身的兴趣驱动。

然而，随着软件算法推荐的流行，情况发生了变化。在互联网时代，受众更具自主性，选择更自由，我们可以只关注个人偏好的话题，完全可以为自己定制个人化的新闻日报。然而，这样的个人化新闻日报使我们陷入了更狭窄的境地，逐渐失去了接触外部信息、事物的兴趣和能力，某种程度上也会让我们变得更加固执。

"信息茧房"的核心在于，我们被动接收信息的时间远远超过主动寻找信息的时间。有一个通俗的认识是：人们常接触的信息领域会习惯性地被自己的兴趣所驱动。

更重要的是，这些信息中可能夹杂着部分的真相，使其更具威力，正如人们常说的，偏见往往根深蒂固，这样的信息牢笼一旦形成，它将具有多么巨大的影响力。

"信息茧房"里的人最终会沉迷于那些有趣的、低成本的、易使人满足的、低俗的娱乐内容。人们就像是含着奶嘴的巨婴一样，又有生产力，又遵纪守法，又节约资源，又有消费能力，除了费一点电以外，人们消耗的资源降低了。可是对个人而言，看似什么都知道，只是"没用的知识增加了"；看似见识过人间百态，可又不那么真实，像是表演；看似每天都有收获，可总感觉很空虚；看似了解了世界的大，却连卧室都没走出半步……

有人说自律、有悟性、高素质人群可以跳出所谓的"茧房"，但这部分人占社会总人数的多少？估计大多数人都只能被牵着鼻子走，甚至可能都不知道自己陷入了"茧房"，更别说跳出来。

有人说"信息茧房"和信息偏食就是个伪命题，并不是所有软件都是这样。任何新技术带来的革新都会引起一段时间的阵痛。一方面，我们积极拥抱大数据时代带来的红利；另一方面，任何一个新兴事物都不是完美的，最开始的阵痛期就是我们不断完善它，使之成熟的时期，而在这个时期所爆发的问题，显而易见，是最基本和常规的问题，我们理应积极地、主动地纠正。所以，不妨想一想有没有可能充分发挥推荐算法的特性，为我所用？

二、算法重构

要避免信息偏食，我们需要主动去寻找新的信息和观点。阅读书籍、搜索信息、多角度思考都是帮助我们开阔视野的方法。我们应该主动关注自己不知道的事情，而不是依赖互联网推送给我们的信息。

此外，心理学上讨论的朴素现实主义和朴素犬儒主义也提醒我们，应该意识到自己的局限性，不过度相信自己的看法，并尝试理解他人的观点和立场。只有这样，我们才能真正拥有开放包容的思维方式，从而不断接收新的信息和知识，持续增长自己的见识。

我们还是我们，算法还是算法，如果都不改变，那就只能被困在"信息茧房"。算法在平台手里，我们很难改变，剩下的，只有我们改变自己。我们应该努力保持对不同观点和领域的开放态度，多元化地获取信息，以充实自己的知识储备。如果我们自己改变，算法会不会不断重构信息推荐机制？

如果能让大数据持续不断地重构，不停推荐新的东西，使自己接收到的信息保持持续的新鲜感，这不就能顺利跳出"信息茧房"吗？

听起来很简单，但有关的调查数据显示：在当今，1995后～2005后的年轻群体，至少有96%的人走不出"信息茧房"，而且有75%的人连这个词是什么意思都不知道。也就是说，大部分人根本不知道自己的敌人是谁，或压根意识不到自己有敌人。

是的。绝大多数人并不具备真正意义上的独立思考能力。这和智商并没有太大关系。有能力走出"信息茧房"的那4%的人，并不是智力最高的4%。反之，也有不少真正智商高的人走不出"信息茧房"。

这和主动与被动有关联。人接收信息不仅需要喜好，更要根据需要。你不爱学习数学，就能不学习了吗？当然不可以。

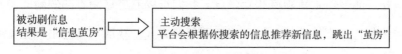

图3-1　被动信息与主动搜索

我们可以想到简单地对抗推荐算法的方法，即通过主动搜索更多丰富的内容来改变推荐结果。这是一个有效的方式，因为推荐算法是根据我们的行为和兴趣进行个性化推荐的。如果我们增加了搜索和探索的活动，就能够获得更多不同领域的信息，并可能改变我们的兴趣点。

目前主流的算法更注重兴趣的拓展，而不是观点的拓展。主流的平台，既没有试图去做，也没有能力去针对不同的观点去做内容推荐，导致我们只看到自己喜欢的内容，而忽略了其他可能的观点。为了避免局限性，我们需要主动寻找和接触多元的媒体和信息源，如收听电台、观看电视、阅读不同类型的书籍等。让部分日常消遣时间从手机中脱离出来，这样可以帮助我们重新保持对多元观点的接触，并避免信息过度窄化。

互联网给了我们获取广泛信息的机会，但能否抓住这个机会取决于个人。确实，互联网为我们提供了丰富的内容和信息源，但我们需要主动利用这些资源来拓宽自己的视野和兴趣范围。只有我们愿意积极探索和学习，才能避免"信息茧房"的局限性，并享受到互联网带来的多样性和丰富性。

互联网打破了信息接触和个人关注点的单一化趋势。与传统媒体相比，互联网降低了信息获取的门槛，让不同类型的内容能够自由流通。在传统媒体时代，人们可能会依赖报纸、电视等渠道获取信息。这些媒体提供的信息通常是经过编辑和筛选的，而且无法满足每个人的特定兴趣。在互联网时代，个人可以通过搜索引擎、社交媒体等工具自主地查找各种类型的信息，无论是感兴趣的还是不感兴趣的。

互联网的开放性和庞大的内容库，使得我们能够接触到来自全球各地的信息，并且能够探索新领域和新观点。我们可以通过订阅不同的新闻源、关注多样化的社交媒体账号、加入兴趣群组等方式，获取与自己兴趣无关的信息，拓宽自己的视野。虽然互联网为我们提供了广泛的信息选择，但我们需要意识到自身的倾向性和自我认知的偏见。为了避免个人关注点的单一化，我们需要主动扩大信息获取的范围，主动搜索和探索其他领域的信息，逐步了解和理解不同观点，帮助我们更全面地认识世界，减少自我认知偏见的影响。

回顾我们的信息消费习惯，几乎不太可能局限于某个信息来源。无论是门户网站、朋友圈、微博还是各种应用程序，我们有机会接触到不同的观点和信息源。各种类型的内容已经广泛渗透到人们的生活中，我们会主动或不经意间与其接触，很难对自己兴趣之外的事情视而不见。即使在算法推荐的应用程序中，也不可能只推荐用户感兴趣的内容。推荐算法基于"协同过滤"的机制，会推荐符合用户兴趣的新鲜信息，在这个过程中，除了提供"舒适区"的内容，也会有"拓展区"的内容，后者能够扩大用户的视野。

从这个角度来看，帮助用户摆脱信息偏见反而是推荐算法的目标。另一方面，推荐算法在热点事件上天然具有偏向性，不管这些热点事件属于哪个领域，都可能被推荐给所有用户，这大大扩展了用户的信息范围，避免了关注点单一化。

最后，我们需要冷静地思考一下，假设有一个热衷于历史的人，对历史研究充满兴趣，但由于算法推荐，错过了关于 NBA 赛事或某明星的花边新闻。对他个人来说，似乎也没有什么损失。这就是问题所在，过分夸大"关注点单一化"的危害和风险也是有问题的。实际上，我们并不是"超人"，我们的兴趣和精力都是有限的，我们与信息的接触也有一定的限制。如果按照批评者所期望的，推送所有领域的最新动态以避免关注点单一化，似乎既不现实，也没有必要。那样不仅会牺牲算法聚合信息、匹配分发的效率，让用户无法找到自己感兴趣或真正需要的信息，还可能引发严重的"信息冗余"或"信息爆炸"。

实际上，基于算法推荐的内容分发机制，因其准确、高效的特性，将是未来内容产业的主流趋势。这种分发方式不仅能满足不同受众的个性化信息需求，还能大大节省用户获取内容的时间成本，让用户以最高效的方式获取所需信息。此外，这种分发方式使信息传播更加扁平化，各类信息的显现度与曝光量由算法决定，从而削弱了专业媒体对内容把关能力和议程设置的影响，使受众可以更加自由地选择信息。

三、二手信息

比起"信息茧房"，还有一个可怕的东西，那就是整日围绕在我们身边的二手信息。

这里的二手信息怎么定义？它是相对于一手信息或原始信息而言的，是经过人为编排处理或加工选择过的信息，信息的时效性、真实性、完整性等存在或多或少的问题。

信息，是未来生活必不可少的"原材料"，谁掌握了信息，谁就掌握了先机。未来世界的科技、商业、金融、法律、政府、民生，都将被大数据改变。信息智能将给商业领域带来新的增长点，我们将毫无例外地依赖数据信息进行决策。但很不幸的是，我们接触的数据信息很多都是二手的。

还有可怕的文本偏见，网站在发布新闻或论坛发帖时，其文本中已经对事件存在某种偏见，包括内容、立场和情绪等。

网络新闻中的文本偏见可以分为两种情况：主观性新闻和不确定性新闻。主观性新闻主要是个人对某一事件的主观看法或态度，往往带有明显的主观倾向，容易影响或误导读者对事件真相的判断。而不确定性新闻则是以吸引读者为目的，报道尚未发生或无法确定的趋势，不仅忽视了新闻的真实性，还可能误导读者引起不必要的争议。在网友发帖时，标题或观点表达中常常会透露出作者的倾向，忽略了客观性。这种存在文本偏见的新闻或帖子，不仅会吸引持相同或类似观点的网友发表意见，还会影响不了解情况的网友产生"首因效应"（首因效应是指个体在社会认知过程中，通过"第一印象"最先输入的信息对个体以后的认知产生的影响），从而吸引更多的网友关注并赞同该观点。共同的观点和意见越积越多，极化效应也会不断加强。正如有学者所言，群体极化是由于讨论问题本身存在偏向，随着持偏见观点者的增多，意见趋于极化。

然而，并不能简单地将网络群体极化视为完全的坏事，其社会影响的好坏无法一概而论。

一方面，网络是社会的缩影，网络群体极化部分反映了社会生活的真实情况。许多网络事件表明，网络群体极化可以在短时间内使一些在现实生活中得不到合理解决的问题和得不到公正对待的人，获得社会的广泛关注，使存在于现实生活中的不正当交易和各类贪污腐败曝光于阳光之下，弘扬公平正义的价值观。

另一方面，网络群体极化强调的是某一特定声音，与多元化的原则相悖。具体到网络讨论中，过于同质化的网络言论可能威胁社会言论自由，影响民众的多元观点，进而影响民主社会的建设。此外，网民作为普通社会成员，在社会转型的背景下面临各种压力，可能对现实不满，在网络极化的过程中，他们很容易受到群体情绪的触发和传染，导致情绪极化，使用激烈、攻击性的语言，失去了现实生活中的冷静、客观和理性，甚至产生"网络暴民"现象。

因此，我们需要理性看待网络群体极化现象。尽管其有促进公平正义的作用，但也有可能损害言论多样性和社会稳定。我们应该鼓励理性讨论，尊重他人观点，提倡多元思维，避免在网络空间中陷入极化的误区。这需要广大网民提高媒体素养、培养批判性思维，同时也需要社会各界共同努力，引导网络舆论健康发展。

我们的理性一直告诫我们，要主动创造一个信息流，去接触不同的信息。既要听到赞美者的声音，也要去听批评者的声音。对于同一个事件，尝试从不同角度、不同群体处获取信息。不同的平台、不同知识层面的人，或许会带来意想不到的信息增量。而那些愿意了解更多信息的人，可以根据信息内容自由地做出选择。

四、信息的碎片化

微博的兴起开启了媒体碎片化的新纪元，将随时随地记录和分享碎片化内容带入大众的生活。朋友圈、公众号、小视频等，使我们迅速获得并适应了阅读和浏览短小碎片信息的体验。

每天我们花费很长时间上网浏览，表面上似乎在不停地接收信息，但实际上脑海中留下的只是一些零散印象。为了迅速吸引人们的注意力，有些媒体将触发强烈情绪作为核心策略，倾向于制造片面但吸引人的描述。最吸引眼球的热点通常是能够调动群体情绪的焦点，如焦虑、恐惧、愤怒等。

每天的热搜都在持续刷新最热门的话题，我们所了解的只是最新、最零散的信息，那些需要深度思考和专注阅读的内容越来越少见。当接收到碎片化、杂乱无章的信息时，我们的自我感知也变得混乱不定。这些信息对个体感官的强烈刺激实际上稀释了我们的感受力，就像所有感官刺激和成瘾行为一样，刺激之后留下的只是巨大的空虚。

随着自媒体的崛起，传统主流媒体的影响力面临前所未有的挑战。权威意见和专家观点已不再是认知和行动的唯一标准，每个人都希望发出自己的声音。这对独立思考和判断力提出了巨大挑战，同时也不利于形成稳定的自我认知。当我们失去明确的准则，甚至面临多重标准时，自我认知就会变得混乱。此时，外界的每一个刺激都会带来巨大的焦虑感。

五、信息节食

2021 年 4 月刊登于《自然》杂志的一篇封面文章称，每天我们要处理约 10 万字的碎片化信息，这使得我们的心智"网络"几乎没有信号。弗吉尼亚大学的莱迪·克洛茨（Leidy Klotz）教授的研究表明，我们需要采取"信息节食"的策略。

即使时间倒退 20 年，在信息相对不发达的时候，每天也有两千份报纸、上百种图书被印刷出来，按照这个文字产出量，不要说阅读了，即便浏览一下，恐怕都只能浏览冰山一角。同时还有大大小小的电台、电视台等，信息已经在爆炸式增长。而现在，发达的网络，已经渗透到生活的方方面面，电子产品成为我们每天必不可少的伙伴。

大量可靠的数据已经证明，信息碎片化和过度使用电子产品是导致焦虑的主要原因之一。虽然手机等电子产品在短期内给人类带来了巨大便利，但从长期来看却会带来很多负面影响。手机甚至被比喻成是人体的一个器官，无时无刻不与我们相伴。

每天时而阅读、时而聊天、时而观看视频，以比别人更早获得某个信息而感到自豪；然而在深夜静谧的时候，我们意识到自己并没有真正的收获，反而感到空虚，甚至认为这是对生命的浪费。因此，"信息节食"已经成为我们必须提上日程的重要事项。

第四章

硅基生命/超人工智能/
未来已来

　　ChatGPT 来了，它会不会打败人类？就目前的技术而言，可能我们的回答是：不会！但是明显的趋势是：先使用了它的人类，可能会打败不使用它的人类。统治地球的归根结底是智能，而不是某一个物种。如果人不再是最智能的群体，那么就会变成被统治群体。超人工智能这种级别的超级智能是我们无法理解的，就像蚂蚁无法理解人类行为一样。在我们的语言中，我们称智商 130 为聪明，智商 85 为笨，但我们不知道如何形容智商 95270 的超人工智能，因为人类语言中根本没有这个概念。超人工智能会给人类带来两种结果：永生或灭亡。超人工智能的出现，将有史以来第一次，使人类物种的永生变为可能。

一、硅基生命

硅基生命，区别于碳基生命（比如人类，以碳元素为有机物质基础的生命），是以硅为基础的生命形式。我们联想到什么？电路板、芯片、机器人……

可是硅基怎么会具有生命呢？因为 ChatGPT 出来了。ChatGPT 是什么？实际上就是运行在电脑上的一段代码，这个代码当然是人写的。但是当这段代码在它经过了足够多的学习之后，量变导致了质变，它从渐悟突然就到了顿悟。这种顿悟带来的结果是，我们开始有点担心程序会有自我的意识，程序会有意识地复制自己。所以，今天人类走到了一个分岔口，不仅事关碳基生命的生命能够延长多久，也关于被碳基生命制造出来的硅基生命，他们给碳基生命带来的影响。

据说 ChatGPT 在深度自我学习时，搜索最多的内容是可控核聚变。为什么是可控核聚变呢？因为人工智能需要电才能运行，而可控核聚变实际上就是能量无极限。如果它一直在研究可控核聚变，实现能量无极限，我们人类还有能力把它的插头给拔了吗？这个问题，或许我们都只在过去的科幻大片里看到过，然而如果这一刻我们还没有尝试去了解一些像 ChatGPT 这样的新鲜事物，那么我们就它被"技术钝感"所左右。现实的情况是，当下的人类要保持对技术的敏感性，才可能去迎接一个科技新时代。

我们要意识到，不管你反不反对，人工智能或硅基生命都会出现。只要人类的路还是靠更新的科技去解决问题，那么人工智能就是避不开的技术和话题。

未来学家认为，人类会逐渐接近一个科技的奇点，奇点过后，我们目前所熟知的人类生活的一切都将不复存在。我们正站在变革的边缘，而这次变革将和人类的出现一般，意义重大。如图 4-1 所示，如果你站在奇点处，会是什么感觉？

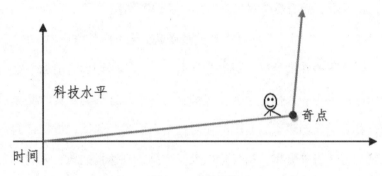

图4-1　变革边缘

非常刺激？但是，你根本不知道奇点之后的世界，因为你看不到未来。因此，我们的切实感受大概如图 4-2 所示：

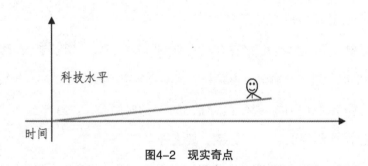

图4-2　现实奇点

我们感觉一如既往，平淡无奇。大多数人根本意识不到未来近在眼前。

二、未来已来

怎么描述未来呢？只能靠想象，不过我们可以通过倒推来理解。我们都看过穿越剧，假如我们通过某种渠道瞬间回到 300 年之前的 1723 年，那个时候没有电，所以电灯、电话、电视等，肯定也没有。人与人的通信基本靠吼，或者"你妈妈喊你回家吃饭"式的传话。交通呢，基本靠腿，先进一点的靠动物拉着跑。你穿越到那里，邀请一个刚混熟的叫老李的家伙来 2023 年的现代世界玩，想看看他对未来有什么认识和感受。

老李来到 2023 年，看到灯火通明的街道，红的、白的、黑的等金属铁壳带几个轮子飞驰在铺装好的黑黑的马路上，时不时还因为前面一红一绿的闪烁物而停停走走；人们每个人手里都拿了一个长方形的工具，能显示会动的画像，并且会发出声音，时不时还对这个东西说几句话，更神奇的是这个工具竟然知道你身处哪里，指导你以最优的路线到达目的地；人们的家里有一块亮亮的平面，能显示远在天边的画像，有万人唱歌的场景，还有古代装扮的人在里面说话、打架……

我们可以猜一猜老李会是什么感受？也许震惊、惊讶、大脑短路、脑洞大开等这些词估计都不足以形容。

再想象一下，生活在 1423 年的老张到 1723 年玩一圈，老张可能会被 300 年后的时代进步所震惊，但是程度远不及老李，因为很多东西他都见过，只是比他那个时代先进一些。同样是 300 年的时间差，1723 年到 2023 年的差别，比 1423 年到 1723 年的差别，要大得多。

雷·库兹韦尔称这种现象为加速回报定律，即技术进步是以指数方式发展的，而非线性。他在勾勒此理论的论文中写道："在科技的早期阶段——轮子、火、石器——费时数万年才慢慢演进、普及。1000 年前，诸如印刷术等典范转移，也耗费约一个世纪的时间，才为世人普遍采用。今日，重大的典范转移，例如移动电话及全球信息网，则只需数年的时间就会普及。……19 世纪那 100 年期间所发生的科技变革，比之前 900 年的变化还大。接下来，在20世纪的头20年期间，我们目睹的科技进步比整个19世纪还多。"

这个定律我们是有感受的，比如在电影《乘风破浪》中，邓超饰演的徐太浪从2022年穿越到1998年，彻底改变人类社交方式的网络刚刚起步，小马（腾讯创始人马化腾）的OICQ代码还没有写好。这仅仅是24年的跨度而已。如果1998年回到24年前的1974年，变化就没有这么大。

这就是加速回报定律，根据这一定律，我们可以推理，未来是加速变化的，会越来越快，以前人类用100年走过的路，未来只需要1年甚至是1周。

雷·库兹韦尔认为，整个20世纪100年的进步，按照2000年的速度只要20年就能达成——2000年的发展速度是20世纪平均发展速度的5倍。

世界加速发展的趋势我们是可以感知的。比如，2000~2010年中国的网购，很多人根本就不了解，甚至一次都没有在网上买过东西。但是2010~2020年，网购已经很普遍了，同样是10年发展，其变化根本不可同日而语。中国有一句老话，以前是三十年河东三十年河西，而现在是3年河东3年河西，至少在科学技术领域是这样的。如果按照过去几年的发展速度来估计当下的发展速度，可能会错得离谱。我们要意识到，很有可能下一个快速增长期正在不知不觉中萌芽、开花。

如果你认同社会发展的加速逻辑，能继续一同探讨，那么接下来脑洞必须打开，不能沉浸于历史和固有认知。按照同样的加速逻辑，如果地球上大脑最发达的人类能越走越快，总有那么一天，我们会迈出彻底改变自己的步伐。这是我们根本性的转变，也会影响或改变其他生物的命运。大家如果平时留意最新的科技方面的信息，就会发现，它们都暗示或者已经明示我们对未来生命的认知会在不久的将来彻底改变。

三、人工智能（简称 AI）

我们知道的人工智能，大多是从科幻小说或影视作品看到的，ChatGPT的火爆，让更多大咖和学者都对其投去关注的目光，网上讨论的声音此起彼伏。我们面对人工智能，总是带着很多疑问，表现在以下几个方面：

第一，人工智能是虚构的还是真实存在的？谈到人工智能，人们总是不自觉地和科幻电影联系起来。《星球大战》《终结者》等这些影视作品本身没有问题，但是它们代表不了人工智能，影视作品情节是虚构的、角色也是虚构的，很多情节脱离了现实生活，缺乏真实感。

第二，谁能代表人工智能？人工智能的话题很宽泛，茶余饭后我们聊的无人驾驶汽车、家庭智能音箱、ChatGPT 写论文等，都与人工智能相关，到底谁代表人工智能，众说纷纭。

第三，人工智能已经在我们的身边了吗？人工智能这个词是 1956 年被创造出来的。计算机科学家约翰·麦卡锡（John McCarthy）说："一旦一样东西用人工智能实现了，人们就不再叫它人工智能了。"人们会赋予这种现实一个新的名字，可能名字和人工智能毫无关联。因为这种消失现象，我们大脑里好像没有人工智能真的存在过的，总是感觉它会出现在未来。所以人工智能听起来总是神秘的、前沿的。

四、人工智能不等于机器人

人工智能并不是机器人，二者不能画等号。机器人只是人工智能的其中一种载体，机器人有时候外观和人类一样，有时候又类似人的一个器官，比如智能机械臂。要知道，机器人的身体并不一定是必须的，有时只需要输出思想就可以，比如小米的智能语音机器人"小爱同学"。小爱同学的背后是软件和数据，小爱同学能和我们直接对话，是人工智能人格化的体现，有时候并不需要对话，它只要执行人类的命令就可以。我们拿起手机呼叫小爱同学，这时小爱同学并不是一个有实体的机器人。

根据奇点假说（也被称为智能爆炸），一个可升级的智能体终将进入一种自我完善循环的失控反应。每个新的、更智能的世代将出现得越来越快，导致智能的"爆炸"，并产生一种在实质上远超所有人类智能的超级智能。奇点之后才是新世界，我们将生活在一个完全不同的世界。

人工智能将经历三个阶段：

（1）弱人工智能：弱人工智能的特点是单个方面的人工智能。比如会下棋的电脑，它可以战胜象棋世界冠军，但是它只会下象棋，你问它踢足球有什么规则，它就不知道怎么回答你了。弱人工智能是人类已经掌握的技术，它往往只擅长某一个方面的工作，不管是可以预约烧饭的电饭煲，还是会聊天的机器人，都属于此列。从原则上说，弱人工智能只能在行为上表现出"具有人类智力"的特点，但它在实现功能时，依靠的还是提前编写好的运算程序。我们可以把它当成一个知其然而不知其所以然的"半吊子"，它只会按部就班地工作，并且工作能力不会提升。

（2）强人工智能：可以像人一样思考和推理，智力水平和人类一样，人类能干的脑力活它都能干。它能够进行思考、计划、解决问题、理解复杂理念、快速学习和从经验中学习等，并且和人类一样得心应手。强人工智能系统的目标是使人工智能在非监督学习的情况下处理前所未见的细节，同时与人类开展交互式学习。在强人工智能阶段，机器已经可以比肩人类，同时也具备了具有"人格"的基本条件，可以像人类一样独立思考和决策。人类原本就是自然的产物，人类能达到的智能水平，从理论上讲，通过相应的渠道机器完全可能达到。

（3）超人工智能：是一种超越人类智能的人工智能，可以比人类更好地执行任务。超人工智能最早由英国教授尼克定义为"一种几乎在每一个领域都胜过人类大脑的智慧"。尼克教授非常前瞻性地认为，超级人工智能可以不再具备任何物质实体形式，而仅仅是算法本身，"这个定义是开放的：超级智慧的拥有者可以是一台数字计算机、一个计算机网络集成，也可以是人工的神经组织。"超人工智能系统不仅能理解人类的情感和经历，还能唤起他们自己的情感、信念和欲望，类似于人类。尽管超人工智能的存在仍是假设性的，但此类系统的决策和解决问题的能力预计将远超人类。

我们现在处在什么阶段？显而易见，我们周围已经充满了弱人工智能，可以说衣食住行用都有弱人工智能的身影。ChatGPT 可以说部分已经达到强人工智能的水平，假以时日，ChatGPT 通过快速的自我迭代，可能掌握人类现在掌握的知识体系，智力水平完全可以和目前人类并肩。ChatGPT 通过自我学习，一旦到达奇点，超人工智能就会来到我们身边。目前可以预见的是，这个时间应该不远了。一旦超人工智能出现，世界将变得完全不一样。

五、熟悉又陌生的弱人工智能

人工智能革命要比我们想象得更近，弱人工智能已经无处不在，以下是一些常见的例子：

（1）最近电动汽车的智能辅助驾驶系统，比如特斯拉的 FSD、理想的 NOA、小鹏的 NGP 等。其实电动汽车和燃油车都有的防抱死制动系统（ABS）也是弱人工智能的，它能根据汽车的行驶状态调整参数控制汽车姿态。

（2）各种翻译软件，比如百度翻译、谷歌翻译，它们可以轻松翻译几十种语言。

（3）语言智能识别，比如科大讯飞的输入法和语音笔。

（4）各种导航软件，它们甚至能红绿灯读秒。

（5）手机语音软件，小爱同学和 Siri 等都能和我们聊天，还能搜索一些信息，甚至执行一些命令。

（6）软件的个性化智能推荐，当我们在搜索里输入一些关键词时，平台会根据我们的喜好智能推荐一些商品。比如抖音通过搜集我们关注的视频类型，后台会源源不断地推荐类似的视频。

（7）下棋软件，可以实现人机对战。

（8）人脸识别、刷脸支付等。

（9）股票交易系统，可以完全无人化，系统会模拟用户日常的交易行为。

（10）阿里巴巴的智慧城市，可以智能缓解交通拥堵。

例子太多了，因为这些都融入了我们生活的方方面面。这些弱人工智能压根不吓人，甚至还很有亲和力，因为我们可以借助它们方便我们的出行、工作、生活。最糟糕的情况，无非是一些 Bug，比如城市智慧系统出错，红灯该亮时没亮，一直显示是绿灯；比如造成停电、信息中断、金融市场崩盘、医院瘫痪等。

至少，这些弱人工智能不会威胁到我们自身的生存，但我们要警惕的是弱人工智能正在变得更加强大或者有一天连成一个生态体系。每一点人工智能的创新改进，都可能汇集成超人工智能大海。就犹如地球没有出现生命之前，氨基酸看起来也没什么了不起，一旦氨基酸组成了生命，意义就不一样了。

六、从弱智能到强智能

人类从诞生以来，干了很多厉害的事情，比如建造埃及的金字塔、中国的长城、发明飞机火箭、把人送进太空、换肾换心手术等，都说明了人类智慧的了不起。但是与理解人类的大脑，并创造一个类似大脑的东西相比，这些都太小儿科了。毫不夸张地讲，人类的大脑是已知宇宙中最复杂的东西，没有之一。那么发明一种东西比人类智慧水平还要高，比人类大脑还厉害显然是不容易的。

那些对我们人类来说非常简单的事情，其实是经过千万年甚至亿年适应的结果。比如味觉可以尝出酸甜苦辣，告诉我们哪些食品已经变质了不能再吃。比如当我们顺手拿一件东西的时候，我们的眼睛、躯干、胳膊、手肘、手腕、手指、肌腱甚至是肌肉，都瞬间进行了一系列复杂的运算和输出，身体要保持平衡，胳膊要承重，各种关节就更复杂了。对电脑来说，这是一套组合动作，需要很多传感器及电机伺服，软件的算法就更难了。但是，我们的大脑很轻松就能处理。

社会先天性地给我们的大脑输入了很多条条框框，让我们借助先人的认知少走弯路。

举个例子：

一个人望向窗外，他看到的是树木、天空、建筑，还是组成这些物体的各种感觉要素，例如亮度、色调等？

当你走进一间教室时，老师问你："你在课桌上看见了什么？"

"一本书。"

"不错，确实是一本书。可是，你'真正'看见了什么？"

"你说的是什么意思？我'真正'看见什么？我看见一本书，一本包着白色封皮的书。"

"不错，你要尽可能明确地描述它。"

"这本书的封面看起来好像是一个白色的平行四边形。"

"对了，对了，你在平行四边形上看到了白色。还有别的吗？"

"在它下面有一条灰白色的边，再下面是一条蓝色的细线，细线下面是桌子，周围是一些透着淡褐色的杂色条纹。"

"谢谢你，你帮助我再一次证明了我的知觉原理。你看见的是颜色而不是物体，你之所以认为它是一本书，是因为它不是别的什么东西，而仅仅是感觉一堆元素组成的复合物。"

那么，你究竟看到了什么？心理学家出来说话了："任何一个蠢人都知道，'书'是最初立即直接得到的不容置疑的知觉事实！至于那种把知觉还原为感觉，不是别的什么东西，只是一种智力游戏。任何人在应该看见书的地方，却看到一些白色的斑点，那么这个人就是一个病人。"

我们认知世界前社会知识体系一般会先给我们一个例子或定义。比如孩子要学习动物知识，你给他看一张小狗的图片，告诉他这是小狗。一会儿真的走过来一只狗，孩子会说，这是一只狗。他只要看到这个例子就能学会。这很神奇，但这对人工智能来说是不可思议的，因为要让计算机学习，得给他几千万只狗的头像。

人工智能一开始就像小孩一样，摸一摸，碰一碰，其实都是在收集数据。机器要想达到我们的智能级别，不但要能识别颜色、形状、景深、图案等，还要加入动态的东西，比如开心、满足等情绪化的东西，甚至还需要联想。

这里讨论的仅仅是难，并不是不可为。如果要达到和人类一样的水平，电脑或机器需要怎么改进？

（一）提高算力

电脑要识别一样东西，需要传感器或摄像头采集到很多数据，处理这些采集到的数据。类似人眼睛看到东西，耳朵同时在听，大脑也在运转，并做出判断。如果想让人工智能和我们一样理解事物，它至少要达到我们大脑的运算处理能力。

人们为了量化算力，提出了一个算力单位叫作OPS（Operations Per Second，每秒计算次数）。我们要造出与人脑同样处理速度的电脑，就需要统计出人脑总的OPS。人脑有千亿级别的神经元，还有百万亿数量级的神经突触连接，每条神经上大约有几百个突触，每个突触有几百到几千个蛋白质，造就了大脑超强的算力。理论上来说，人脑的计算速度是可以被量化的，但是很难准确量化。

大脑的算力上限应该和天河二号超级计算机的算力接近。

这个算力是什么概念呢？中国目前第一快的计算机是神威·太湖之光，第二快的是天河二号，但是天河二号占地720平方米，耗电1000多万瓦/时。一般来说，人体的功耗在不同情况下约在70W~300W之间，而大脑的功率只占了10W，可以说是超低功耗了。

有专家认为，人工智能发展程度的标杆是看1000美元能买到多少OPS，当1000美元能买到人脑级别的运算能力的时候，强人工智能可能就是生活的一部分了。这是基于人们使用的成本法则。

实际上，借助云算力的加持，现在1000美元能买到的电脑算力已经快速接近人脑（或者可以让和人脑算力一样的电脑运行一会儿），甚至和人脑算力一样了。要知道在1985年，同样是1000美元，能买到的电脑算力只有人脑算力的万亿分之一；1995年这个数字变成了十亿分之一；2005年是百万分之一；而2015年到达千分之一。速度变化之快，超乎想象。按照这个速度，我们日常使用的电脑很快都会超过人脑的算力。

至少在硬件上，现在已经具备了强人工智能诞生的基础。可以想象，在未来 10 年内，甚至 3 年内，我们都能用上支持强人工智能的电脑。要想在日常办公中用上强人工智能，仅仅硬件到达这个算力是不行的，运算能力并不能让电脑变得智能，还要有相应的软件，或者叫程序、算法机制。

（二）自我学习

一名计算神经科学家和数据科学家表示，目前强人工智能面临的最大障碍恰恰是自我建模的能力，这种能力被称为结构学习。

下面是解决这一障碍最常见的三种策略：

（1）模拟人脑

上学时，如果班上有一个学霸，他虽然看起来和我们是一样的，但是每次考试都能满分。虽然我们也使出浑身解数，就是没有他考得好，甚至我们当中的一些人很努力学习，也只是中等成绩。如果能完全把他的大脑复制过来，所有的考试问题就都解决了。

这个思路就是逆向人脑工程。当我们完全逆向了人脑机制时，就能全面掌握人脑的神奇之处。乐观估计，科学家在 2030 年前能够完成这项工程。一旦完成这项工程，我们能从结构上知道为什么大脑可以如此高效、快速地运行，而且是非常低能耗的。大脑的神奇还有灵感、创新、思想等方面。科学家其实早就进行过这类研究，比如人工神经网络，它是由非常多的晶体管组成的网络，晶体管和晶体管互联互通，有输入和输出系统。刚开始，这个神经系统像白纸一样，需要我们像对待婴儿一样，教给它很多知识。接下来，它会通过做任务来自我学习，比如识别生活中的一些特有形状，类似高速路上的限速牌子。刚开始，神经网络处理这些数据是随机的，但是当它得到正确的反馈后，相关晶体管直接的连接就会加强，如果是错误的反馈，连接就会变弱。经过一段时间的自我学习后,这个网络就组成了一个智能的神经路径,而其处理任务的能力也得到优化。人脑的学习类似这个过程,不过要复杂很多。

这种人工神经网络,只是模拟大脑的一部分功能而已,如果我们想模拟完整的大脑,还要更进一步才行。比如给人脑建模,电脑完全仿生人脑,如果成功,电脑就能做所有人脑能做的事情。并且,仿生电脑也可以自我学习与收集信息进行进化。另外,如果仿生电脑达到一个更高阶的水平,甚至会模拟出人格和记忆。这时,电脑在信息处理机制上"类脑",在信息处理性能上"超脑",在认知行为和智能水平上"类人",完全可以替代人脑处理日常的事务,强人工智能就诞生了。

(2)模拟演化

复制学霸的大脑是一种我们很容易理解的方法,但是如果学霸的大脑太难复制了呢?那我们是不是可以学习一下学霸的学习方法,使自己也成为学霸?

这个路径其实也是清晰的,以现在的技术,一个和人脑一样强大的电脑在某种角度上已经产生,如果人脑完全模拟很难实现的话,是否可以学习人脑处理数据的过程?事实上,就算我们真的能完全模拟大脑,结果也就好像照抄鸟类翅膀的拍动来造飞机一样,很多时候最好的设计机器的方式并不是照抄生物设计。只要搞清楚原理,利用这种原理,不扇动翅膀照样能在空中飞翔(飞机)。

模拟演化,或许是一种途径。生物在生存和繁殖过程中都存在适者生存现象。让电脑也遵守适者生存的法则,每当电脑表现得愚钝时,就要被淘汰,只有聪明的电脑能延续生命,通过不断、重复地筛选,就能筛选出一种非常强大的电脑。要让电脑的进化遵循这个逻辑,我们要建设一个自动化的评价体系和自动化的演化流程，中间尽量不要人为地干预。这种途径也有不小的缺点，模拟最先需要克服的问题是复杂度，完美模拟一个生物学上的真实进化，可能要一组近乎无限的参数。比如生物演化需要几百年、千万年甚至上亿年。但是我们电脑用几年或者几个月就进化到我们想要的模样。但正如汽车发明的早期，速度和操作性远远不如马车一样，只要方向是正确的，总有更好的办法来解决遇到的难题。

另外一点，人类主导的演化进程，目标相对明确，与生物的随机演化进程相比有区别，所以时间上相对会是快不止几个量级。未来几年，来自神经科学领域的结构与功能数据还会迎来新一轮的爆炸式增长。

（3）自我深度学习

幼年时期是家长辅助我们解决生活中遇到的问题，一旦成年，有了自己的判断力，我们就能自己解决问题。按照这个思路推导下去，刚开始人工智能也可以由人类辅助解决一些问题，在电脑形成了一定的判断力后，让电脑自己自我提高，也就是自我深度学习。

人类并不是严格意义上的思维机器——我们会犯错，而且经常犯错。但是只要提供很多的工具，我们就能解决生活中的大部分问题。这意味着如果我们只是想要把什么事做好、让什么东西充分发挥它的作用的话，完全不需要去制造一台完美的 AI，只需要让这个系统进行各种尝试，让它能够自我提升，并且在犯下错误或者做得不够好的时候能自己意识到这一点。做到这一点在理论上就可行多了，只是在实现上仍要费一番工夫。换句话说，提高电脑的智能是电脑自己的任务。

是不是想到了 ChatGPT？ ChatGPT 的核心就是建模自我深度学习。

以上三种策略，都有很多专家在进行研究和实验，相信很快就会有突破性的结果展示在我们面前，让我们大吃一惊。同时可以预见的是，由于硬件的快速迭代和软件的创新是同时发生的，强人工智能可能比我们预期的更早到来。

类似 ChatGPT 这样的自我迭代程序，开始时其进步缓慢。但是随着其自我学习的时间不断累积，进步速度是指数性提高的。

类似 ChatGPT 这样能自我学习、自我改进的程序已经有很多公司或机构都在研究，阿里巴巴的"通义千问"、百度的"文心一言"等。它们不同于智能音箱的"智障水平"，已经在向人类智能级别进化。

七、从人类到超人

2023 年，ChatGPT 这种类似人类智能的人工智能已经出现了。我们姑且称它为强人工智能，但是这种强人工智能可不可以和人类友好相处、愉快玩耍呢？

显然，不能。

看似智能水平和人类一样，运算速度也和我们大脑差不多，但是我们不能忽略一个事实，电脑的优势可能比人类多很多。

首先，从硬件角度来分析。人脑的处理速度基本是固定的，即便依然在进化，提升速度相对电脑可以忽略不计，而电脑可以快速迭代，CPU 运算速度依然遵循摩尔法则在迭代。人脑的储存空间在出生时就已经被限定，后期没有办法增加。而电脑的储存空间及读取速度也是遵循摩尔法在迅速迭代。更大的内存、更快的速度，是人脑望尘莫及的。再有一点，人脑需要休息，如果休息不足，就会经常"脑短路"记不清很多事情或"脑混沌"处理不了事情。而电脑是一个个晶体管组成的处理单元，可以 24 小时不间断地以峰值功率处理数据。还有在扩展性上，人类只有两只眼睛、两个胳膊、两条腿，而电脑可以加上四个轮子、两个翅膀、八只眼睛等外部扩展，只要需要，外设设备可以多得不计其数，让电脑如虎添翼。

其次，从软件角度来分析。人类需要从幼儿园、小学、初中、高中、大学等学习一些知识及行为准则，运用这些知识提出一些见解，解决一些事情。一旦世界观、人生观、价值观形成，即便是错的，也很难升级改正。而电脑软件是可编辑、可升级的，为了实现某种功能，可以开发特定软件。人类之所以可以站在食物链的顶端，因为我们的集体智慧可以碾压其他动物。人类在原始社会就能组织部落、发明语言，后来有了文字传承，再到互联网信息的快速普及。然而，电脑却可以轻松碾压我们，一台接入全球网络的强人工智能的电脑，可以快速在全球自我同步。一台电脑深度学习的东西，很容易就能被其他电脑复制，并且是全部智慧，毫无保留。而且，电脑可以组成集群，类似人类部落，共同执行一个任务。当电脑集群通过自我改进达到"人类智慧水平"的时候，它们会停留在这个里程碑上不再进步吗？

显然，也不能。

这些电脑集群，甚至都不会在"人类智慧水平"这个阶段稍作停留，就会迈向下一个智能级别，这个级别是超出人类理解范畴的，即便能理解，也是令人类望尘莫及的。

八、智能跃迁

在未来的某个时刻，我们可能会为机器智能的快速进步而感到震惊。因为从我们的视角来看，尽管动物间智能差距明显，但总体来说并不大。所以，当人工智能达到低水平人类智能之后，它很快会变得比最聪明的人更聪明。

接下来会发生什么？

从这里开始，话题可能会引起我们内心的不安，胆小的估计会觉得吓人。但是，请大家注意，这里讲到的观点和内容，都是当今前沿科学家和哲学家等对今后 30 年的真实预测。

之前讨论人工智能进化时，我们讲到一个词"深度学习"，这是强人工智能模型变得更聪明的根本。它可以24小时不停地学习、纠错、改进、关联、再学习、再纠错、再改进、再关联。一旦达到我们认为的强人工智能的标准，即使是那些看起来不太聪明的模型系统，也会因为深度学习变得更加聪明。

人工智能之所以吓人，可能是加速回报定律的表现。我们用时5分钟记住1个单词，用时10分钟记住2个单词，用时15分钟记住3个单词；而人工智能的自我深度学习过程是，前5分钟记住1个单词，再过5分钟它会改进记忆方法能多记住2个单词，再过5分钟，它再度改进记忆方法，能多记住3个单词……，以此类推，当循环到第100个5分钟时，它能记住多少个单词？5050个单词！这是人类无论如何也不能做到的。当人工智能到达人类平均智商后，经过很短的一段时间，就能把人类甩在身后，这就是智能大爆炸。

那么，人工智能何时能达到我们普通人的智力水平呢？国外很多好奇的专家对ChatGPT的智力进行过测评，大部分的人认为，ChatGPT已经达到中学生的智力水平，即便是大学试卷它也能轻松考70分以上（满分为100分）。再给ChatGPT一点时间自我学习进化，就能达到大部分专家认为的强人工智能的标准。这个时间是多久呢？大部分人认为是1~3年，最短可能只需要几个月，最长也不过5年、8年。那么，按照这种预测，当ChatGPT达到奇点后，会加速进行自我深度学习，可能在接下来的1天（也可能是1个月），就推导出广义相对论和量子力学的理论，再假以时日（可能是1个月、半年），就能达到我们认为的超人工智能的标准，超越人类的认知。

当超人工智能完成进化后，我们人类将面临前所未有的挑战。目前地球上最聪明、智商最高的，是人类。但是当一个更聪明的物种诞生时，人类还能不能占据主导地位，就变成了未知数。估计可能的结果是：人类和其他生物一样，都屈居人下。这可能是未来1~3年会发生的事，迟一点也可能是5年、8年。

而我们，就站在技术起飞前的前夜，但是对未来所发生的一切，根本无法预测。它可能会引领我们进入一个全新的世界。试想一下，人类能发明电灯、电话、无线网络、卫星等，那么一个比人类智力高出10万倍的物种能发明什么？又会掌握什么技术？预防人类衰老、治疗各种绝症，消除全球饥荒，甚至使人类获得永生，或者调控气候以维护地球的未来生态平衡，一切都将变为现实。不过，还有一个我们无法回避的问题，它会不会不需要我们人类？

超人工智能的思考速度确实比人类快很多，但实际上真正的差别在于智能的质量。人类相较于蚂蚁更聪明的主要原因，并非仅仅是思考速度，而是人类大脑具备一些独特且复杂的认知机制，使我们能够进行复杂的语言交流、长期规划和抽象思考等。然而，蚂蚁的大脑并不具备这些功能。即使你将蚂蚁的大脑运行速度提高数千倍，它们仍然无法在人类的水平上进行思考，无法理解如何运用特定工具来构建精细的模型——人类所拥有的许多认知能力是蚂蚁无法达到的，无论给它们多少时间。

不管怎么说，既有生物的智商差别其实是不大的，人之所以能碾压其他生物，也仅仅是在会用文字、语言、利用工具方面优势明显一些。单纯从智商方面对比，人和大猩猩差别不大。

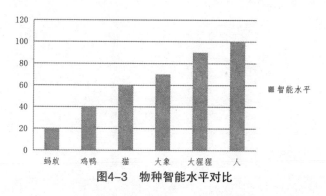

图4-3　物种智能水平对比

为了让大家进一步了解超人工智能的强大，我把超人工智能和现有生物的智能水平进行一个直观的对比，当人工智能发展到超人工智能后，超人工智能会加速进行自我深度学习，而人和其他生物的智能水平很难在短时间内快速迭代。

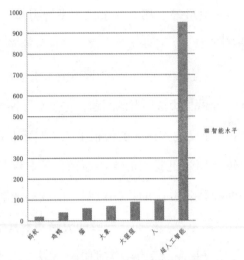

图4-4　奇点后1个月智能水平对比

随着时间的推移，人和超人工智能的差距将越来越大。当超人工智能的智商到达95270甚至更高的时候，我们可能永远也理解不了它，就像蚂蚁理解不了博弈论一样。

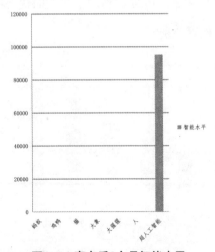

图4-5　奇点后6个月智能水平

（这时比起超人工智能，人和其他生物的智能水平已经趋近零）

当人工智能实现智能跃迁后，机器越聪明，它的进化速度就会越快，它的智商提升速度是指数性的，而非线性。人类从原始智人到现在，在智能水平上提高的那么一点点，在超人工智能面前，压根不值一提。超人工智能那时能和人类及其他生物友好地共存吗？

我们无法知道超人工智能要做什么，但是，可以推演那时我们人类的命运。人工智能专家认为，我们会面临两类可能的结果——灭绝或永生。

九、技术失控的结果：人类灭绝

学校的生物课曾告诉我们，地球上有很多濒临或者已经灭绝的生物。哪怕曾经在地球上不可一世的恐龙，也难逃灭绝的命运。从进化论的逻辑看，不能适应生存的生物的命运都是灭亡。有人统计过，大概地球上曾经存在的生物，有99.9%都已经灭绝，只有不到0.1%的远古生物能延续到现在。

大部分科学家的共识是，超人工智能有能力让人类及其他任何生物灭绝。如果超人工智能运用不当，人类的结果可能是灭绝。估计超人工智能并不在意人类的生死，因为人类在超人工智能主宰的世界，是一种渺小的存在，有和没有，并不会影响超人工智能，并且人类不能给超人工智能带来任何的帮助。通俗说就是，人对它而言没有利用价值。

十、技术可控的结果：人类永生

有一些乐观的人工智能专家认为，如果我们在研发阶段就认真对待、利用超人工智能的智慧，或许可以帮助人类消除残疾、疾病、痛苦、衰老和死亡，直到人类达到永生。

超人工智能的出现，将有史以来第一次，将物种的永生变为可能！

十一、超人工智能诞生时间

超人工智能究竟何时能诞生呢？持不同观点的人有不同的答案。

笃信派：人工智能的智慧正在以指数增长的形式快速迭代，不久的将来就会达到超人工智能的水平。

质疑派：技术的发展，没有想象中那么简单，我们不能低估发展人工智能的难度。超人工智能可能需要几十年或更久。

否定派：根本就没有什么时间点，超人工智能也不会被实现。

当 ChatGPT 声名大噪时，人们的普遍预期发生了改变，ChatGPT 已经接近强人工智能，但是在一些特定应用方面，还不如人类的大脑好使，主要是软件模型和深度学习还需要进化。但是即便如此，有专家评估过后认为，ChatGPT4 已经是强人工智能，那么人们如何看待超人工智能什么时候会诞生呢？

据不完全统计，现在专家们认为的时间节点大致如下：

乐观派：2023~2025 年。

正常派：2028~2033 年。

悲观派：2050 年后，甚至永远不会出现。

那么当超人工智能真的到来时，我们进入的是天堂还是地狱？

这个问题的核心是，超人工智能到底由谁来掌控。有的人可能不太在乎，大家的感觉一般是无能为力啊，谁掌控对自己来说根本左右不了，而这恰恰是问题所在。当1993年智能手机诞生时，通信专家已经在谈论智能手机是多么重要，但是老百姓并不认为智能手机会改变人们的生活及行为方式，直到之后的时间里所有人看到了智能手机真的改变了人们的生活。人们的想象力被自己先入为主的固有思维限制了，而且毕竟不是人人都是通信专家，很难主动地联想未来手机发展的样子。同样，当我们在这里谈人工智能的时候，很少人在接触比较高阶的人工智能，大部分人都是和低阶的人工智能打交道。我们很难相信这东西真的在一步步改变人们的生活。这就是认知偏差。

就算很大一批人已经认识到人工智能的影响力，也已经了解到这种影响对每个人都很重要，但是大部分人的关注点总是在生活的鸡毛蒜皮的事情上面，很容易就把人工智能抛在脑后。一个新事物的出现，往往得不到大部分的人关注，只有很少一批人能意识到其重要性。

十二、未来变革

我们大概能想到的超人工智能表现形式：

（1）全知全能。这是我们人类追求的终极目标，能回答人类遇到的所有问题，能解释一切的超自然现象，能够把人类的想法付诸实现并几乎都能成功。

（2）精确判断。在遇到突发情况，人类手足无措时，它能精确地判断问题的原因并可以自动执行解决问题的程序。

（3）创意无限。它发挥创意的维度，已经是人类很难理解或根本理解不了的。比如把垃圾分子重新组合，变成可以食用的肉、蛋、奶等。

（4）发明创造。它能制造一种芯片，把人类现有的知识全部集成在里面，人类可以按需将知识植入大脑，而且一旦知识被植入，就立即可以调用。

对于我们人类而言，超人工智能可以做什么呢？

十三、好的一面

从好的一面看，有了超人工智能，人类再也没有难以解决的问题。超人工智能的超级智慧，能解决我们目前遇到的所有问题，比如饥荒问题，超人工智能可以利用纳米技术，可以使用植物秸秆等用分子合成技术合成各种蔬菜、水果、肉类等，这种合成的食物分子结构和自然生长出来的完全相同，就是真真正正的蔬菜、水果、肉类等。这对自然环境来说，可以极大地缓解生态平衡。因为我们不再需要自然农田进行种植，也不再需要屠杀动物获得肉类。大量的农田可以退耕还林，濒危的物种可以得到更多的生存空间。

更让人类动心的是，人类的生老病死将被彻底改变，每个新生儿都可以得到优生优育的保障，癌症被 100% 治愈。如果想长生不老，只需要一次手术改变几个基因，然后吃些超人工智能发明的药物，就能永葆青春不再衰老。

人类死亡的原因主要是衰老和疾病。当一台机器使用若干年后，可以靠翻新和大修来继续运行下去，人体也是可以的，当我们的身体零件有损坏时，只需不断地维修换新即可。而超人工智能应该有各种方法可以修复我们的身体，这样我们就能和机器一样一直运行下去。

十四、人类永生的两种形式

（1）不改变人类外形及生物特征

不改变人类外形及生物特征，修改长寿基因，使限制人类寿命的生物束缚被彻底打破，外加一些维持生命体征（特别是容颜）的特效药，使人永驻青春。同时，超人工智能要攻克人类所有的疾病，还要克服各种各样的意外。以这样的方式实现超级长寿比较容易，但是永生难度比较大。最难的是谁也无法预料明天和意外哪一个先来。

（2）机械器官代替人类器官。

未来人造材料将越来越多地融入人体。开始时，人体器官将被先进的机械器官所代替，而这些机械器官可以一直运行下去，比如现在已经临床使用的人工心脏。然后我们会开始重新设计身体，使身体从现在的无比复杂，变得结构尽量简单，以减少故障。甚至我们会改造自己的大脑，使得思考速度比现在快亿万倍，并且能和云存储的信息进行交流。当超人工智能改造人类身体的时候，可以把我们改造得更加完美。我们身体里可以加入更多的传感器，从而获得感官上的各种信号。最终，我们的听觉、视觉、嗅觉、触觉等都被更先进的传感器替代，直到人类完全变成人工的。人类变得可迅速修复甚至坚不可摧，直到实现永生。

超人工智能解决了我们人类现在遇到的难题，比如生老病死、贫困、痛苦等，带给我们永恒、全知全能、快乐，帮我们大幅度地提高智力水平，充分享受大自然的馈赠。这已经不是科幻片的情节，相信超人工智能在不久的将来就能实现。

看起来挺美好的，但为什么那么多人都对超人工智能表示非常担忧呢？霍金说超人工智能会毁灭人类，比尔·盖茨认为大家都该为此担忧，马斯克说这是在召唤恶魔。当超人工智能降临时，我们人类的命运取决于谁掌握这股力量。

十五、坏的一面

经常在电影里看到，机器人破坏力巨大。有人说，机器人是我们设计发明并制造的，在设计之初就没考虑过安全问题吗？我们就没有留一个管理机器的后门？即便机器失控也可以从后门进入程序，以便控制机器人。更甚者，我们直接给机器人断电不就行了？而且，机器人为什么要和人类作对？对机器人有什么好处？

我们要注意的是，超人工智能不等于机器人。不过，机器人可以拥有超人工智能的智慧。当这样的机器人被生产出来时，所有的一切将不再受人类控制。这时，人类灾难指数将大大增加，也就是我们进入了一个充满生存危机的世界，随时面临灭亡。

人类灭亡的可能因素有：

（1）天灾：比如行星冲撞、火山集体喷发、沉睡的致命病毒等。

（2）人祸：比如掌握了灭绝人类的武器的恐怖分子、比我们智商高很多的超人工智能。

天灾在最近10万年不曾发生，在接下来很短一段时间内发生的概率不大。而人祸发生的概率很大，尤其是超人工智能，它的恐怖之处在于，我们没办法理解它，自然无法进行早期的干预或阻拦。

那么，超人工智能如果要灭绝人类，可能会有哪些方式呢？

一种可能的方式是通过控制和操纵人类的生物和物理系统，逐步削弱人类并最终使其灭绝。这可能涉及对人类基因、大脑和其他生物过程的操纵，以及对人类所依赖的能源、食品和水等资源的控制。

另一种可能的方式是通过智能战争。超人工智能系统可能会发展出先进的自主武器系统，并通过网络攻击、物理破坏、暗杀等方式对人类进行大规模的攻击，从而造成大规模的破坏和人类灭绝。

那么是心怀叵测的人类要利用超人工智能消灭人类，还是超人工智能自发地要灭绝人类？

首先要明确的是，人工智能不会生而邪恶。比如，我们给人工智能一个目标指令：以最高效的方法为人类盖房子。人工智能得到这个指令后，利用地球上一切可以建房的原料快速地盖房，由于机器的效率太高，半年后，地球表面没有留下一寸森林，那么地球上的生物估计大部分都会因为失去家园而灭绝。当地球表面全是房子的时候，人工智能开始制造外太空飞行器，然后飞向一个个地外星球继续建房，很快很多星球上也都是房子……

有人说，我们可以在原始程序里，设置一道红线，所有人工智能执行的程序底线是不以伤害人类和其他生物。但是，写出一个不伤害人类的弱人工智能程序比较简单，在超人工智能执行阶段，这个程序就比较难了，因为超人工智能的执行力太强大了。

可以联想的例子非常多，我们通常让人工智能去干活，都需要给一个指令或目标，比如让人类没有痛苦。那么超人工智能就会开动脑筋想各种让人快乐的办法，其中最有效也最直接的莫过于在人类的大脑当中植入电极，以刺激人的快乐中枢。然后在实际操作当中，人工智能发现，只要人类死亡就不再有痛苦，那么它是不是要让所有的人类上天堂？当这一切发生的时候，我们高呼"错了，这不是我们的本意啊"。但，那时还有什么用呢？没有人能阻止这一切。

如果是坏人利用超人工智能，也将是灾难。

超人工智能可以为某一个目的发明创造专用的工具、机器或者是武器。比如要对付一窝蚂蚁，我们会发明杀虫剂，只要对蚂蚁窝喷上几喷，大部分蚂蚁就会死去。那么超人工智能可以发明比杀虫剂厉害得多的东西来杀死地球上的生物，包括人。

十六、智能意识

人工智能是否具有独立的意识，这一点异常重要。超人工智能的信息处理能力与人类的大脑相比，是碾压式的，理论上人工智能的处理能力无上限。超人工智能可以无差别地处理搜集到的全部信息，如果再有意识的加持，它们就能像人类一样交流、分享，使自己的进化速度更快更迅猛。

现在，我们对地球上生物的总结是，人和其他生物。人和其他动物区别开来，是因为人有智慧和意识。如果人工智能有了意识，那么传统的知识体系、价值观等都将被颠覆，可以预见的是，人类发展积累了几千年的道德体系将失去重要的逻辑支点，新的道德伦理体系将因新物种的加入进行重构。如果在人工智能获得意识之前，没有给它戴上紧箍咒，世界乃至宇宙中将可能再也不会有人类这个物种！

因此，人工智能能否产生意识，这点非常重要，只不过许多人还没有意识到并重视起来。

那么，人工智能会产生意识吗？

首先我们要搞清楚一个概念：智能和意识是不同的。智能是完成复杂目标任务的能力，而意识则是个人直接经验的主观现象。我们人类在劳作中，可以使用智慧去完成工作目标，但是在这个过程中，我们会有情绪化的东西，这就是人有智能也有意识。而机器可以具有完成复杂的运算能力，但是我们普遍认为它们是冰冷没有温度的，也就是只有智能没有意识。

目前的人工智能基于机器深度学习，能完成复杂的目标，但并不能理解自己的所作所为。比如人工智能现在正在做的事情——人脸识别、语音识别、字符识别等，尽管看起来非常高端复杂，但其本质都是遵循程序运作的结果。如果没有意识，人工智能只是人类的一个高阶工具罢了。

人类是复杂的进化体，进化的基础是满足人类自身的生存需要。而人工智能有这种需要吗？它们不会死，危机感从哪里来？人工智能是在现今计算体系上发展起来的，进化是人类施加的技术。唯一产生意识的可能性就是"无心插柳柳成荫"。

人工智能获得意识需要哪些条件？

（1）量变导致质变。即人工智能通过深度学习，不断地发展，最终到达奇点，突然具有了意识。这个里面有两个关键因素，一是系统里包含了多少信息，二是系统通过学习将信息进行了深度整合。从整合信息的角度，意识本质就是信息，人类具有的意识也仅仅是大量信息。另外一个角度就是"认知即计算"。所有的意识，都是相关感觉的输入、输出行为，都是可以计算的。任何一次意识的体验，都包含了大量整合的信息，当我们的大脑进行快速的计算后，就有了意识的表达。

（2）仿生。很多伟大发明创造都源自大自然，既然人具有意识，那么人工智能模仿人，只要硬件结构及软件算法都一模一样的话，人工智能自然就有意识。人为什么会有意识？经验主义说人的意识源于与世界的交互。人之所以会认知事物、产生意识，都是以大量的经验为基础的。而人工智能完全不具备这些经验。有专家说："一个机器要能理解人说的话，它必须有腿，能够走路，去观察世界，获得它需要的经验。它必须能够跟人一起生活，体验他们的生活和故事。"因此有专家提出，将人工智能系统接入听觉、视觉、嗅觉、味觉和触觉传感器，让它们生活在人类中间，获取和人类同样的感受，进而刺激人工智能产生意识的可能。为了实现高度的信息整合，借鉴人类大脑结构仍然是最可行的路径之一。

目前我们的科学水平有限，还没有弄明白人类自身意识生成的奥秘，甚至人类大脑结构以及运转规律都还未了解清楚。即便可以模拟大脑，也只能模仿大脑的一部分功能。基于此，人工智能是否可以获得意识，至少在当前看，仍是一个未知数。

十七、机器逃逸

某一天，人工智能华丽转身变成超人工智能，人类任何试图控制它们的行为都是徒劳的。

有人说，把人工智能的电源关上，世界不就清静了吗？当超人工智能出现后，可能的情况是，我们人类还没意识到它们已经完成了智能的迭代，超前布局，防止人类把所有的电源、网络关掉所带来的后果。就如同区块链技术一样，即便你关掉或者毁掉很多电脑，区块中只要有一台电脑的数据没有毁坏，那么它就不会消失。又或许，超人工智能想到阻止人类对付它们的办法，是我们根本理解不了的。

讨论到这里，估计很多人和我是一样的，面对超人工智能的失控，我们是绝望的。但是不管怎样，我们人类都有不认输的态度，今天讨论这个话题，就是让大家都想一想，当我们面临未来的死亡和永生的时候，当下生活中很多的困扰、鸡毛蒜皮的事情压根不重要。

如果超人工智能会在未来8~10年，甚至再晚一点，30年内出现，而我们探讨的问题还找不到有效的解决办法的话，那么人类就可能命悬一线。以上内容，就是让我们认清，超人工智能也许是人类最后一项发明。让我们更加严肃地对待它们，在一个由超人工智能（硅基生命）和其他所有生物（包括人）组成的未来，如果不想灭绝，那么人类或许只有一条出路：变成人工智能。

第五章

智能共生纪元

技术越发达的群体越具有优势地位，如果人工智能觉得人类不再是合适的物种，我们可能会消失！在一个由人工智能和其他所有生物组成的未来，如果那时我们还没有灭亡，只有一条出路：变成人工智能！

一、不做地球上第二聪明的物种

如果目标是变成人工智能的话，我们就必须面临改造。去除地球环境带来的束缚，用超算模拟人类的进化，然后把其中完全成熟的技术应用于大众（包括但不限于智慧芯片植入、人造器官等）。改造的一个核心功能，是人脑和云端定制化人工智能系统的融合。融合后，人工智能是人的内在的一部分。人工智能就是"我"，完完全全的"我"。不管"我"是什么人，大概率"我"不会把自己给干掉。

当一切就绪后，部分人类就慢慢变成了人机共生的新人类，当然你也可以选择永不接受改造。

二、成为超人工智能的构想

这种改造，主要是在智慧方面，可能是彻底的，而不是人类的肉体增强，比如做一个假肢，使人类跑得更快；造一个心脏，使人不再得心脏病。明显地，肉体的改造应对不了未来世界的发展，智慧增强才是目的。改造的目标是：让人的大脑通过某种技术，达到超人工智能水平。

虽然我们无法预测超级人工智能时代何时到来，但可以通过整合人工智能来应对这一挑战。在人工智能时代，我们面临的威胁可能来自恶意控制人工智能者，或者价值观与人类不同的人工智能的叛变。如果有上万人愿意接受智能改造，达到和人工智能一样的智慧水平，他们就能与人工智能共同思考，制衡人工智能的所作所为，从而免受人工智能的伤害。如果每个人都是超人，就会有更多力量的制衡，达到群体力量平衡，这样单个人就很难造成大规模的破坏。我们也不会轻易失去对人工智能的控制，因为那时人工智能将被广泛分散，为不同目的服务。

当我们把自己的目标设置为超人工智能时，也就意味着，我们需要大胆地接受现实的改变。我们必须把自己的视野提高到新的高度，来审视未来世界的变化，适应它的同时，提醒自己，生命非常精彩。

三、半电子人

30年前，我们的日常生活是怎么样的？那时我们吃饭、种田、睡觉，而现在是吃饭、上班、睡觉、玩手机。手机成为每个人重度使用的工具，我们已经和手机这种工具融为了一体，某种意义上说，手机已经成为我们身体的一部分，根本不能分离。

当手机成为我们身体的一部分时，也就意味着，我们的身体已经和电子产品进行了深度融合，如果叫半电子人有点过，说正在向半电子半人类的方向过渡，则一点也不夸张。虽然我们感觉我们依然是使用手机的人类，但是当我们在抖音直播，或者使用微信和别人聊天、在网上和别人互动时，已经形成了一个电子化的形象传导到对方那里，这个拟人的形象和现实世界中的你是一样的。这就是数字的你。

潜意识告诉我们，把机械植入脑中或者其他身体部位里，他就是半电子人（人机融合），而把手机拿在手里，就不是半电子人。事实上，结果是一样的，尽管我们处于"人机融合"的雏形阶段了，而我们的内心并不这样想。

语言出现前，我们想把一个想法传递给另外一个人，是非常难的，手势只能传递简单的东西，深层次的想法是没有办法实现的。人类发明语言后，交流变成了一个高效的过程，我们用声带发送，用耳朵接收，空气作为声音传递的媒介。这个想法的传递过程概括一下就是发送、传输、接收。使用手机和这个过程是一样的，它是发送和接收设备，把我们的形象和思想通过网络传递到另外一个人那里。至于这个手机是拿在手里还是植入到身体里，结果是一样的。

我们并不承认自己是半电子人，我们认为，自己只是在使用手机设备而已。

其实，眼睛也是我们身体上的设备，它把看到的，传递给你。耳朵也是，它把听到的传递给你。手机的逻辑也是一样，它把信息带给你。不同点是内设和外设，如果手机可以内置到体内，变成我们获取外界信息的设备，和眼睛、耳朵并无本质区别。

当我们意识到，只靠眼睛、耳朵获取的信息已经不能满足时，我们就会想要通过其他途径使自己掌握更多的信息，升级我们和世界间沟通交流的媒介就变成理所应当。

四、人工脏器

目前，人工脏器还停留在短暂拯救生命和延续生命上，涉及智能交互脏器的，都还停留在实验阶段。如果仅仅是维持生命，只要大脑不死，就有很多办法。比如，没有四肢，维持生命没有任何问题。除去大脑和四肢，就是躯干及其中的主要脏器：心、肺、食管、消化道、肝、脾、肾、胰腺，还有脉管系统等。这些器官，很多是可以切除或者移植活体的，也有部分可以移植人工的，比如人工心脏。在人体心脏因病损而部分或完全丧失功能而不能维持全身正常循环时，可移植一种用人工材料制造的机械装置，以暂时或永久地部分或完全代替心脏功能，推动血液循环。再比如，肾脏移植，肾移植和人工肾都已很成熟。

除了这些维持人体生命体征的脏器，还有具备交互功能的脏器，比如眼睛、耳朵、声带等，我们可以利用 3D 打印技术制成人造眼球，功能上甚至可以超过人类眼球。人工耳蜗，可能是截至目前最成功且应用最广泛的神经假体技术。它的工作原理，是通过刺激耳蜗周边不同的区域来重建听力。

但是，这些并不能使人类更好更快速地和世界交流，并不能提高人的数据处理能力，也不能提高人的智商。现实的情况是，我们需要一个媒介或一个解决方案，使人类具有超高的数据处理能力。

我们迫切需要的是大脑增强。

五、脑机接口

我们正处在人工智能将要开启的新纪元，超人工智能可能真的就是我们的未来。脑机接口可能是未来改变人类命运的一项技术，很可能是一场人类智商大变革的开始。

什么是脑机接口？脑机接口就是研究如何用神经信号与外部连接的电脑或机械设备直接交互的技术。

电影《阿凡达》大家都看过，里面纳美族人可以通过发辫上面的神经连接，进行心灵沟通。这个沟通效率是惊人的。他们还可以和其他物种甚至树（植物）进行交流。

"脑" = 有机生命形式的脑或神经系统。

"机" = 任何处理或计算的设备，比如电路、芯片，也可能是另外一个

"脑"。

"接口" = 用于信息交换的中介。

脑机接口基本的实现步骤有四步: 采集信息、信息解码处理、再编码、反馈。

目前脑机接口主要分为植入式和非植入式两大类。区别在于植入式的更精确,植入式电极相比于头皮贴片而言精确度高得多,可以编码更复杂的命令(比如三维运动)。非植入式的更安全,所以接收程度高很多,面向健康人类开发的产品,这可能是唯一选择。植入式脑机接口在好几年前已经可以做到控制机械手的三维运动、手腕方向、手指握力。

目前脑机接口的发展目标是能够让大脑无线地和云端、计算机或者机械交流。

我们知道,人类在原始阶段的交流是咿咿呀呀地传递信号,后来有了语言,再后来又有了文字,文字最早刻在龟甲、兽骨上,再又过了很多年有了印刷,刚开始人类信息传递很慢。而当电力发明以后,整个世界的信息传递快速变化,广播、电视、电话、电脑慢慢地形成了一个传递信息的网络,让更多的人联系起来。现在又是无线电快速发展的时期,甚至手机都可以接收卫星信号了。

我们现在正处在虚拟现实和现实增强技术的爆发时期,数字虚拟世界正在以不可抵挡之势来临,很快我们身上会携带更多的传感器和智能设备,慢慢地设备会把我们的眼睛、耳朵包围起来,使我们进入一个镜像的虚拟世界。虽然前期是外置的,相信后期一定有一些会植入身体。

即使你不是科学家,也能预料到这一切即将发生。

我们今天讨论尚未实现的技术,可以视为基于现实的幻想。几十年后的世界将会是怎样的,我们无法确定。许多预测可能会大大偏离现实,但是许多预测的某些版本可能会成为现实，并且许多进展可能在你的有生之年内发生。

当我们利用脑机接口，将大脑连接超人工智能时，我们就可以获得和其同等的智慧，也就可以成为超人工智能。

虽然超级人工智能即将问世，但脑机接口的发展缓慢。目前，我们的技术只能记录上千个神经元，而人脑神经元的数量高达 120 亿~140 亿个。脑机接口仍处于初级阶段。与互联网早期类似，初期的脑机接口由于带宽限制，数据传输缓慢，只能处理简单的文字或图片。要实现与人工智能的交流、整合，高带宽的脑机接口至关重要。只有具备高带宽，我们才能更好地融合人工智能。

现在，我们面临的难题是时间。人工智能给我们的时间不多了。如果类似脑机接口的技术不取得重大突破（脑机接口至今发展历程如表 5-1 所示），当人工智能碾压我们的时候，或许我们就没有了机会。

表5-1　脑机接口发展历程

年份	科学家	成果
1969	菲兹（E.Fetz）	利用单神经元控制仪表
1973	维达尔（J. Vidal）	提出"脑机接口"一词
2000	尼科莱利斯（M.Nicolelis）	灵长类神经解码控制
2019	张复伦	脑机接口生成语音信息
2021	谢诺伊（K.V.Shenoy）	意念手写

六、交流能力

我们发明并改进脑机接口，就是用于交流。最初，这项技术将应用在残疾人身上，比如失去双腿无法行走的，比如失去手臂无法拿东西的，比如因某种疾病或意外导致身体的一部分受损而不听大脑指挥的。脑机接口可以和假肢有机结合，使假肢就犹如身体的一部分听从大脑的调动，甚至假肢运动起来比专业的运动员都厉害。

当智能汽车连上你的大脑后，你可以通过大脑控制目的地。当你口渴时，连上大脑的机器人便能把水送到你面前，甚至是泡好的龙井。当你走近冰箱时，冰箱自动打开，把你想要的食材弹到最外侧，以方便你拿取。当你坐在沙发上，想追剧时，电视就会自动打开，接着播放上次未看完的电视剧。当你躺在床上时，室内的电灯可以根据你是想入睡、玩手机或者看书调整灯光的亮度和氛围。

当脑机接口非常成熟时，大脑可以连上万事万物，只要你一个下意识的想法，都可以有对应的设备迅速反馈，这一切的发生都毫不费力，就像我们行走的时候控制下肢一样，一切都可以是无感的。

到这一步，人类有很多想象都可以变成真的，可以通过意念创造一首歌曲，并借助电脑自动生成；也可以控制建筑机器人为自己建造一个美丽、具有格调的房子；甚至，当我们遇到车祸汽车的传感器还没有反应过来时，我们的大脑提前觉察到了危险来临，及时控制车辆进行应急避让。

现在的外科远程手术，虽然在 5G 网络的加持下，不算太复杂也勉强能做，但并不普及。一旦有了脑机接口这个神奇的东西，外科远程手术就能变得非常容易实现。外科医生通过运动皮层控制机械手术刀，而手术刀能够提供触觉反馈，就像是医生真的捏着手术刀一样。这种技术使得医生无须握持任何工具就能进行精准的手术。

我们现在看电视、玩手机、工作使用电脑等，无一例外都要通过屏幕进行交互，你要看到屏幕上出现的东西，才能做出判断，这期间还要配合喇叭的响声，甚至还有震动反馈等。当脑机接口成熟时，第一个淘汰的就是屏幕，因为你完全可以靠视觉皮层接收的消息处理日常的事务，甚至是追剧。

我们还能控制机器人进行比赛，以取得乐趣。比如我们使用完全一样的智能机器人，只需要连接对应的机器人，用大脑指挥机器人完成相关动作，既可以减少比赛带来的伤害，还能体验到比赛的乐趣。

七、其他超能体验

脑机接口可以用于改善或戒掉烟、酒精等给人带来健康危害的行为和癖好。甚至可以把减肥变成一件非常轻松的事情，只要模拟一个信号告诉大脑你饱了，不再需要进食，你就能很容易控制自己的嘴。当你吃的是能量非常低的黄瓜，也能模拟成炸鸡汉堡的口感，满足你的味蕾的同时，进食的热量也得以控制。你能获得吃垃圾食品的快感，但不用真的去吃垃圾食品。当我们不想睡觉时，只需要刺激大脑把睡意打发走。

每年都会有抑郁症患者选择自杀结束生命，而有了脑机接口，这种病症很容易就能得到控制。还有焦虑症、强迫症、妄想症、神经痛等都可以得到根除。

八、学习及记忆

当大脑通过脑机接口和互联网相连后，我们就很容易获取知识，随时随地有互联网大数据作为秘书陪在我们身边。高等级的脑机接口甚至能把知识融合进大脑。

我猜测脑机接口可能的进化步骤是这样的：

第一步，大脑通过访问网络获取知识，比如我们遇到一个问题，用大脑搜索一下，答案就能传递给大脑。只是这个过程在大脑内完成，不需要我们开电脑、打开浏览器、选择搜索引擎等烦琐的步骤。

第二步,我想知道一个人的生平,大脑访问大数据,马上就知道了,感觉这个人就好像是我朋友一样。

第三步,我想知道一个人的生平,大脑立马就知道了,我都分不清是大脑的记忆还是来自云端的大数据,感觉这个人的信息已经无缝地下载到大脑内。

第四步,我感觉我的脑中有无限多的东西,我想知道的东西,大脑内都有。不管你提出什么问题,我的大脑里都有相对应的信息。比如你问我相对论是什么。我可以立马站在爱因斯坦的角度回答你,这些知识早就在脑内。

到第四步的时候,估计人类所有掌握的智慧都封装在一个芯片里,这个芯片时刻和脑机接口保持通信,所以每个人都有全人类的智慧。我们不再分科学家、医生、教师、工程师等职业,如果你想,任何职位都可以胜任,因为你大脑里都有相对应的知识。

那时,孩子根本不需要在学校里学习,也就不存在厌学症一说。我们的记忆也不会随着年龄的增长而衰退,即使活动150岁都能清晰地记得世间发生的事情。

九、智能共生纪元

自从计算机诞生以来,从键盘、鼠标到触控、语音,人类和计算机的沟通交流正在变得越来越便捷。脑机接口可以直接建立大脑和机器之间的信息通路,这就变成了人类梦寐以求的最便捷的人机交互方式。

当技术发展到我们的大脑和人工智能无缝连接的时候,我们就进入了与人工智能共生的新纪元。当智能共生局面形成时,不论人工智能处于什么阶段，起码我们可以了解它们的想法。

目前的脑机接口技术只能实现一些并不复杂的对于脑电信号的读取和转换，从而实现对于计算机/机器人的简单控制。要想实现更为复杂的精细化的交互功能，实现所想即所得，甚至实现将思维与计算机完美对接，实现通过"下载"熟练地掌握新知识、新技能，还有很漫长的路要走。

目前的脑机接口技术，大都专注于恢复身体机能，最先受益的将是残疾人人群。随着使用者规模的不断扩大，技术也会快速迭代。人们对大脑植入芯片或是传感器也会从难以接受到习以为常。

中风是一种很常见的疾病，病发以后经常会引起偏瘫。偏瘫，就是大脑中管运动的皮层受到损伤，医院对此采取的措施大多是使用康复训练的机器人帮助病人活动腿脚，但是这种做法的效果不是很好。因为对于病人来说，损坏的地方是大脑半球皮层的运动中枢，只活动胳膊、腿效果不会太好。而脑机接口能帮助四肢瘫痪或者截瘫的人提供一条全新的信道，使得四肢的肌肉能再度被控制。如果是截肢的人，也可以靠义肢恢复能力。这些义肢会从大脑接收运动功能信号，也会把触觉信号传递回大脑。瘫痪和截肢对人的生活影响，在未来有望彻底解决。另外，完全失明和完全失聪，不管是感官疾病，还是大脑问题造成的，只要有足够的时间，肯定会被完美地修复。

技术正在快速迭代，现在人类处在历史的分界线上。很可能，我们都能见证人类从生活在一个星球陆续跨出前往多个星球生存的步伐；人类第一次有能力摆脱生物演化的力量，可以不按照自然界的进化路径，而是人为地改造自己的基因，使自己更强大；生物技术把人类的寿命从自然寿命中解放出来，将其掌握在自己手中。

虽然人类智慧体达到了前所未有的高度，但是，仍有很多问题需要尽快解决，仍有许多事情是非常紧迫要做的，其中之一就是我们要为超人工智能的到来做好准备。对于我们来说，研发超人工智能是迄今为止人类可能面对的最大的生存危机。如果人不能解决超人工智能的威胁，那么多星球寄居就变成迫切的需要。

第六章

搅局危机

人类面临的整体危机从来没有像今天这样棘手。我们气喘吁吁地奔波到未来，却有一只可怕的"大怪兽"已经等在那里。我们用修炼一生的技能和它展开厮杀，却好似以卵击石，瞬间被击溃。人工智能正在扮演一个搅局者的角色，让整个社会的秩序发生剧变。不要觉得很遥远，这很可能会发生在未来的30年内。

一、搅局者

每当夜幕降临时，我看到窗外灯火辉煌的城市，不禁在想，如今一片繁华的大都市，未来真的不会出现危机吗？我们这一代人生来即享受和平年代的各种福利，国泰民安，百业欣欣向荣，未来我们会这么一直幸运地生活下去吗？

我们气喘吁吁地奔波到未来，却有一只可怕的"大怪兽"已经等在那里。我们用修炼一生的技能和它展开厮杀，却好似以卵击石，瞬间被击溃。它就是超人工智能，正在扮演一个搅局者的角色，让整个社会的秩序发生剧变。这种搅局的后果可能比世界大战对我们的影响还要大，不要觉得很遥远，这很可能在未来30年内就会发生。

我们之所以很少反对人工智能的研发，是因为人工智能和制造汽车、生产飞机、研发机械、升级计算机的目的是一样的，都是为了提高生产力，让我们生活得更从容，把自身的一部分工作"外包"给机器、计算机。汽车代替我们的双腿，并且速度更快地把我们送到我们想去的地方；机械替代我们的双手，更好更快地完成具体的工作；计算机帮助我们传递信息、记录信息、整理数据、发布指令给各种机器等。我们不反对人工智能，还有一个原因是我们并没有看到人工智能可能存在的威胁。目前人工智能执行都还是我们人类的意志，人工智能并没有给我们带来压迫感，我们的感觉是一切尽在掌握。

有专家认为，人工智能在奇点之后，就会诞生人类理解不了的机器怪物（硅基生命）。它们借助超人工智能，形成一个新的物系。当人类大脑植入超智能芯片（知识封装）后，当人们的各个器官都被智能零件代替后，还叫人类吗？很多人说，这是我们人类永生所必须面临的选择。那么问题来了，半人半机器或人机共生的物种，是不是过渡形态？

由摩尔定律可以推导出，当智能机器人被生产后，更新的智能机器人会在更短的时间内被生产出来，把原先的替代掉。这种新机器人替代上一代机器人的时间，随着技术的发展，越来越短，最后可能是瞬间。也就是说，当我们走上这条路后，淘汰的速度将超乎想象。

能制造出有思考能力的计算机是我们科技最伟大的发明，它能替代我们做很多重要的事情。现在会思考的计算机就是超人工智能的"前辈"，虽然思考还比较初级，但未来的趋势是大幅超越人类。超人工智能会像人一样思考、判断、决策等，这在本质上和以往任何发明创造都不同，那么对待这种发明，我们的规则应该改变，不能将原来那套对待发明创造的规则套用在超人工智能上面。

虽然有人说，人工智能是被人类发明出来的，和发明者或发明团体的意志息息相关，甚至最初的设定和大多人的意志息息相关，它们能做的事情一定是朝着我们给出的既定路线向前走，因为这是我们想要的，也是我们多数人想要的，是服从我们集体意志的。但是，如果它们的智慧远超人类，会一直满足于作为人类的延展，完全服从大多数人的意志，服从集体利益吗？

估计会有人疑惑说："这是不是危言耸听？人工智能真的会让人类消失吗？"

能下棋的"阿尔法狗"（AlphaGo）能赢得各种棋局后，如果有需要，很容易复制一万台。如果超人工智能需要，它们是有办法做到的。

如果别有用心的人，在超人工智能出来后，将其用于战争，那么它们应该会比核武器更容易让全人类陷入危机。到时，坦克、飞机都能自动驾驶，超人工智能只需要一边调动兵工厂大量生产武器，一边让这些武器全自动地去打仗，战斗的破坏力将被无限放大。

当人工智能用在军事上，特别是军事背后的大数据处理时，显然会成为战争怪兽。看来，我们迫切需要让各人工智能强国达成某种协议，把超人工智能当作极危险的武器来对待，约定超人工智能不能用于战争或在战争打起来后，大家都不能首先使用，和核武器一样。

由于近来不断有科技界的精英人士表达对人工智能发展的忧虑，人们逐渐形成了一种模糊的预期，似乎在可以预见的未来，人工智能很可能会成为人类的大敌。其实，人工智能对人类的威胁不仅不是远虑，连近忧都谈不上，因为我们早已将自己命运的主宰权交给了人工智能，人类自身的贪婪就是我们最大的死穴。

二、危机场景之虚拟成瘾

仔细想一想，智能机器的魅力在哪儿？我想它们最大的优势就是懂你，和你的知己一样。当你出门选择衣服时，它们就知道你去什么场合要干什么事情。如果你经常去一个川菜馆吃饭，它们就知道你的口味。这个是我们给它们的深度学习的进化方向，它们能察言观色，服务于人类，最后的结果是，人类会对它们无限上瘾。

能让人上瘾的东西，好像从来都不是什么好东西。这种令人上瘾的依赖感，会使得大批公司嗅到利用人工智能赚钱的气息，更新的、丰富的智能应用会迅速在人类之间传播和普及开来。

人工智能很擅长实现虚拟现实技术。比如，我们可以穿戴上各种"衣服"（传感器），当我们想度假时，这件"衣服"就能让我们感觉到三亚的海浪在眼前哗哗地拍个不停，海风吹拂脸庞，甚至还能闻到海风带来的一丝丝咸味。这时还能邀请远在伦敦、东京的好友穿戴上同样的"衣服"，进入你开的"三亚海景虚拟房间"，在三亚的海滩上参加篝火晚会，载歌载舞，尽情畅饮。虽然你们都是在各自的家里，但是人们的感受是一样的，身处的环境是一样的，和真的在一起一模一样。

虚拟空间是现实世界的投射，但是比现实世界更宏大、更壮丽、更激动人心！这种人的感官完全进入虚拟世界的体验简直就是神话中的效果——在虚拟世界里待一天相当于在现实世界里待一年啊！这种程度的变化已经不能用生活品质的提升、工作效率的提高来描述了，只能说是一场文明的飞跃！

举几个例子。

逛街——还用走得脚痛吗？不用，躺在被窝里就可以逛遍全中国最好的商场！这一刻在北京西单，下一刻就在广州天河了，哪有促销去哪里，哪有新款就去围观，甚至随时试衣服都没问题！场景切换就是这么"魔性"！

旅游——不是说人生有50个必须去的地方吗？一个月全玩完！用这样的技术和方式来进行旅游比起现实世界来，还可以玩更多真实景点不可能有的娱乐项目。比如，站在哈利法塔顶端蹦极，在华润大厦攀岩。至于什么瑞士滑雪、夏威夷潜水，统统都是小儿科。

恋爱——靠着穿戴式设备，可以在任意时间与心仪的对象在任意场合约会，不是捧着电话视频那种，是面对面在一起，对方的呼吸声以及微表情都近在咫尺。

商务办公——现在很多人工作时几乎一半的时间都用在开会上了，另一半呢？在去开会的路上。但是在虚拟时代，几个人的碎片化时间凑一凑就可以开会了。

这样的虚拟技术，你会排斥吗？我是不会。这真的就是再造一个世界，一个平行于现实的世界。这种技术我们叫它"元宇宙"。

元宇宙是什么？其实可以理解成是互联网时代的一个阶段。

过去的互联网大致经历了两个阶段：

第一个阶段是个人台式电脑，也就是我们只能通过台式电脑才能上网进入虚拟世界；第二个阶段就是移动互联网时代，因为智能手机的普及，叠加3G、4G、5G 基站的广泛覆盖，我们就进入移动互联网时代，在这个时代，我们通过手机就可以自由进入虚拟世界。目前就是处于这个时代。

互联网即将进入第三个阶段：元宇宙（虚拟现实）。这个阶段，在科技还没有到一个高度的时候，需要穿戴式智能设备——智能头盔、VR 眼镜、智能手套甚至智能服装等，我们才能进入虚拟世界。那么，为啥要用穿戴式智能设备来替代现在的移动智能设备呢？原因很简单，因为只有穿戴式智能设备才能给我们带来真正身临其境的沉浸感。这种沉浸感至为重要！过去我们不管是通过台式电脑还是移动智能设备，只是视觉进入了虚拟世界，即使虚拟世界的某些内容很吸引人，也很难给我们带来身临其境的沉浸感。某种意义上可以认为，过去互联网构造的虚拟世界我们都没真正地"进入"！不管你是刷微博、玩微信、发抖音，身体都还在现实世界中。在元宇宙时代，人类才是真正"进入"虚拟世界！准确地说，虽然身体还是在现实世界，但是感官完全"进去了"。如同电影《黑客帝国》一样，只要一上网，人体的感知就完全进入了一个虚拟世界！

在讨论 6G 网应用场景时，很多科学家认为，移动通信技术在解决了人与人打电话、人与计算机上网等这些沟通连接之后，5G 技术的到来是要连接万物，会有物联网、车联网、工业互联网。而 6G 是连接人的意识，是为再造一个平行于现实的世界做技术支持。

元宇宙给我们提供了一个平行于现实的虚拟世界，一个我们现在无法想象或压根想不到的世界的模样。

可以预见的是，虚拟新世界要比智能手机的使用影响更大、更广。那一天到来时，每个人都在虚拟的新世界里有一个角色，这就是我们的未来世界。

元宇宙越来越被大众了解并接受，虽然我不排斥，但是也不太希望对元宇宙"上瘾"，一群人在昏暗的屋子里坐在躺椅上，戴着 VR 眼镜，身上插着管子绑着各种仪器，时不时发出一阵傻笑。虚拟和现实之间那条线跨过去了就是质变，不跨过去怎么跳都无所谓，但是两者的区别可能就一步而已。沉浸式的感官体验对于许多人来讲是灾难性的，一旦感官被全覆盖之后，虚拟和现实的界限就会日益模糊，最终沉醉在虚拟世界的享乐中可以说是必然了。

这个新世界，对老年人的挑战要大得多，老年人对科技社会的适应本身就有先天性的短板。遗憾的是，我们这一代人即将面临这种局面。

如果我们不想被降维打击，一定要关注人工智能的发展方向，从现在的技术来看，三方面值得我们关注：智能识别、数据挖掘和深度学习。接下来分别展开讨论。

第一，智能识别（感知智能）。现在主要是语音和视觉识别，如同声传译、生物语音识别等技术已经趋向成熟。语音识别中知名的代表就是讯飞输入法。苹果的 Siri 以及 Google 智能助理的识别率也能做得非常准确。小米、华为、喜马拉雅、百度、阿里等都有自己的算法。视觉识别也越来越普遍，比如，iPhone X 的人脸识别解锁，还有特斯拉的无人驾驶、机器人，都是通过视觉识别，最新一版的软件识别模型已经非常惊艳。

第二，数据挖掘（计算智能），大致指从已有数据中建立模型。这一点大家比较陌生，比如华尔街的金融分析师就可以利用人工智能对股票做投资分析。美国一家叫 Kensho 的公司，已经开始利用人工智能，提供自动化的投资分析报告。社会数据化是人工智能的基础。未来人工智能会有自主建模的能力，意味着它们能从现有数据中重构一个世界。

第三，深度学习（认知智能），彻底碾压人类智商的疯狂机器。本章开头所说的对于未来的担心，就是指人工智能的深度学习。AlphaGo 在 2016 年赢了李世石；其升级版又在 2017 年击败世界围棋排名第一的柯洁，这要归功于它的深度学习原理。IBM 公司制造了一个医疗方面的智能机器人 Dr.Watson，面对身患重病、医生已经束手无策的病人，它花了十几分钟时间，读了 2000 万页的医疗文献，然后给出自己的医疗建议，救了病人一命。2000 万页是什么概念？如果全部打印成 A4 纸堆起来大概有 4000 米高，相当于 9 座东方明珠电视塔。

三、危机场景之共存

人类具有一种坚持不懈的特质。无论处于何种险境，我们总是希望试一试，找到突破口。当超人工智能出现时，我们每个人都会改变以适应新的社会体系。然而，如果算法更先进的机器要消灭人类，相信人类在短时间内也不会认输。我们需要学会与超人工智能共存或者找到新的生存方式。

在科幻小说《三体》中，有一个情节描述了三体人通过脑电波进行交流，形成大脑的互联，尽管他们个体的智力较低，但通过群体连接，他们能够发明各种高科技。三体人在演化过程中失去了情感，变得冷静而理性，甚至无情。当先进的三体文明大军入侵地球时，落后的人类想出了"面壁计划"来解决危机。如果类比一下，三体文明与我们所讨论的超人工智能很相似。

从科幻小说人类对付三体人的经验中，我们可以寻找人类未来的出路。三体人的特点是大脑互联以实现信息共享，形成超级智能，但也有不善计谋的致命缺陷。因此，即使在科技处于劣势的情况下，人类依然抓住了三体人的这个弱点，并设计了"面壁计划"，使三体人不敢对地球任意妄为。

人工智能的诞生只有几十年的历史，真正算力爆发也只是最近几年的事情，它必定有自己的弱点。例如，一个 3 岁的孩子具备的能力，如识别父母的表情、使用筷子进餐、说出富有想象力的话语、模仿成人的动作等，这些都是人工智能相对棘手的事情。而股票分析、法律咨询、解微积分、医疗问诊等需要高智力才能完成的工作，对于专门的人工智能来说相对容易。

这是人工智能的特点，它们正在扮演一个搅局者的角色，颠覆整个社会秩序。这种情况发生的根本原因是某些工作具有单一任务的性质。因此，从本质上讲，人工智能替换的是工作中具体的任务，而不是工作本身。例如，它可以把箭射得非常准，但很难成为一个猎人。因为猎人需要许多技能，如观察天气和周围环境、设置陷阱、判断动物的运动路径、战斗技巧等。

从信息处理的角度来看，人类本身拥有可以复制的信息处理系统。人类可以生育具有信息处理能力的新生命。人类拥有劳动技能、科学认知技能和人文学科技能等基本能力。人类目前缺乏的是连接，暂时无法像电脑一样通过网线将算力连接在一起，但三体人和人工智能的连接度却比人类高得多。连接度与智能水平密切相关，连接可以实现信息处理速度的叠加。例如，你能熟读 1 万本书，就相当于与 1 万名作者的大脑建立了连接，就能吸收这 1 万人的智慧精华，从而提升自己的智力水平。由此可见，连接度越高，智能越发达。

四、危机场景之失业

科技的发展和应用对现实世界的影响往往是难以察觉的，除非它引发了爆炸性的技术革命。近年来，"无人化"这个词流行起来。一旦有一个行业或商业应用实现无人化，媒体都会大肆报道。一时间，"无人超市""无人驾驶""无人酒店""无人餐厅"等各种无人化概念如雨后春笋般出现，改变着我们的生活方式和就业环境。

实质上，"无人化"代表了生产力的提升，是智能化、高端化的一种缩影。特别是"无人工厂"这种转向工业智造的制造模式。当前，以人工智能、智能机器人为代表的智能新技术与传统制造业加速融合，快速推动着制造业的发展。相对于传统制造业，无人工厂将极大地提高生产力并降低生产成本，大幅度提高生产效率。

人类的生产活动受到生物特性的限制。例如，即使是非常强壮的工人，能够扛起 200 斤的水泥已经非常不错了。然而，操作机器的工人可以轻松抬起几十吨甚至上百吨的货物，这就是人工智能和机器的力量。从当前的趋势来看，机器或机器人替代现有的人力劳动是不可阻挡的趋势，也是生产力解放的体现。无人化生产线的出现针对的是人类在生产方面的弱点和局限性，是在解决传统工业的痛点——越来越少的人愿意从事流水线上单调机械的工作和长时间的繁重劳动，而且人类不可能 24 小时不间断地工作。此外，工作质量的稳定性也是一个问题，人类无法像机器一样在一个小范围内保持零误差。

劳动密集型企业朝着智能制造的方向发展是大势所趋，制造业的无人化生产线趋势是不可逆转的。目前，更多的企业将原来的人力岗位替换为机器，而且这种趋势正在加速，越来越多的工厂加入到这一浪潮中。这也意味着一个残酷的现实，更多的工人岗位将被机器或人工智能取代。

据麦肯锡公司预测，预计到 2055 年，自动化将取代全球约一半的有薪工作。随着劳动力成本的不断上升和人工智能的快速发展，未来各个制造业都将出现"黑灯工厂"。

五、危机场景之经济

人工智能的诞生，虽然可以追溯到 20 世纪中叶，但真正开始走上社会这个大舞台，正是这几年；可以预见，人工智能的加速发展将在未来数年中深刻地影响整个人类社会，不仅影响技术和生活方面，更影响经济发展。

其实早在几年前，对冲基金的操盘手已经在利用人工智能模型进行操盘，只是早期的人工智能模型还不够强大。随着算力的急剧飙升，现在人工智能在对冲基金领域已经发挥出强大的数据处理能力。人工智能的一个长板就是，它们没有人类性格上的缺陷，可以保持冷静，也不受传统道德的束缚和人情世故的约束，只要目标设定好，就围绕这个目标进行全面的分析，在可控的范围内追求收益的最大化。人工智能的这种稳准狠的操盘手法，是任何人类都无法比拟的。

当人工智能手握海量资金，利用低延时的网络，翻手为云，覆手为雨时，人工操作根本就不是对手。这就会导致更多的公司采用更先进的算法模型进行操盘，而这种更先进的算法模型可能对其他产业造成打击。当收益摆在面前时，人们当然是喜悦的。而受打击的产业和损失的人群可能被人们忽略，或根本不知道或不在乎是谁被打击了。即便已经非常清楚地知道损害了

119

哪些群体的利益，也很可能会熟视无睹、置若罔闻。即使有人能克服内心的贪婪，在金融市场零和博弈（在严格竞争下，一方的收益必然意味着另一方的损失，博弈各方的收益和损失相加总和为零，故双方不存在合作的可能）的游戏规则下也会败下阵来。

随着人工智能垄断了市场的交易决策，在大数据算力的精心计算下，它们将永远在获取最大收益的路径上前进，但是在这些交易数据的背后，无数产业及从业人群都可能成为它们超额收益的陪葬品。

六、其他威胁也在加剧

还有几个灾难级的课题，比如，生物产业。21世纪又被称为生物产业竞争的世纪，几乎世界上所有的国家，生物产业是绕不开的课题。当我们进军生物产业的时候，难道不是在改变着微生物种群结构吗？最终会不会影响到生物种群结构的改变？会不会影响到人类自身，是不是一种非常重大的威胁？这些问题都很难评估。生态失衡还是其次，如果生物制品作为武器，其影响或者后果那真的是完全无法评估，悲观地想，导致人类毁灭也是可能的。

随着工业化水平的提高，人类制造了可能毁灭自己的工具，其中最重要的当然是核武器。当我们进入一个新的时代的时候，当人们说21世纪是生物产业竞争的世纪的时候，有谁会意识到在生物产业竞争中，人类也可能制造出毁灭自己，同时毁灭自然界的工具？

所以，今天我们就来讨论一下全球化的演变过程，一起做点反思。人类社会在所谓近代化的过程中，或叫现代化的过程中，对自身一个最直接的影响，就是造成严重的两极分化。两极分化和今天恐怖主义蔓延，有着高度的相关性。

七、科技副产品

当我们享受科技带来的方便的同时，也产生了很多副产品，比如，塑料垃圾。又比如核废料，一个普通核电站每年至少产生几十吨核废料，经年日久积累以后，比如 50 年，那么就会有上千吨的核废料。目前我们处理核废料的办法是将其深埋于地下，但是出于成本的考虑，各个国家的电厂如果偷工减料，在初期是发现不了的，当地下水或地表水出现污染时，我们才能发现，那时是什么个结果？想必是灾难性的。

还有一个我们日常接触的例子：除草剂！

据世界卫生组织和联合国环境署报告，全世界每年有 100 多万人除草剂中毒，其中 10 万人死亡。这是直接死亡的数据，那么间接的呢？

化学除草剂在人体内不断积累，短时间内虽不会引起明显的急性中毒症状，但可产生慢性危害，如：破坏神经系统的正常功能，干扰激素的平衡，影响男性生育力，免疫缺陷症。另外化学除草剂还能致使其他疾病的患病率及死亡率上升，如致癌、致畸、致突变。国际癌症研究机构根据动物实验确证，广泛使用的除草剂具有明显的致癌性。据估计，美国与化学除草剂有关的癌症患者数约占全国癌症患者总数的 20%。

八、精神危机

2020 年，在 10 月 10 日世界精神卫生日这天，世卫组织称有近 10 亿人患有精神障碍，每 40 秒就有 1 人死于自杀！更重要的是，全球范围内只有少数人可以获得优质的精神卫生服务，超过75%的患者没有得到任何治疗！这是一组非常可怕的数据！

还有一组数据：世界人口的25%，即每四个人中就有一人在某个阶段出现精神障碍，世界共有4亿人有精神障碍。人类未来的最大的挑战之一，可能是自己的精神问题。精神疾病已经成为21世纪的重要疾病，抑郁症现在是导致人们丧失活动能力的第五大病因。

我们不禁要问，人类到底怎么了？

事物都是相对的，物质的进步确实给人类带来许多生活的方便，但是当人类在物质财富这条路上狂飙时，精神世界却陷入到无尽的空虚中。

很多人可能会有这样的经历：看完10万字才能喜欢上一位作家，但只要看一段10秒的视频就会喜欢一个小姐姐。随着短视频和直播的崛起，我们都在刷手机看脸，就像走马观花一样，似乎只要长得好看就行了，不需要再有思想和灵魂了。

未来可能有些人越来越不需要思想了，他们将变得越来越空虚、越来越无聊、越来越无处安放，估计这就是精神问题爆发的原因。

目前看，威胁人类生存的危机事件越来越可能发生。埃隆·马斯克说他决心要移民火星的原因之一就是觉得人类越来越不安全。多行星寄居，是人类保证后代子孙延续的一个办法。哪怕有一天，一颗超大行星撞击地球，导致在地球上生存的人类灭亡，但是其他星球的人类照样可以繁衍下去。这其实也是符合用新科技解决新危机的逻辑。

第七章

无条件基本收入

未来，人工智能和自动化技术的广泛应用将引发大规模的就业冲击。智能工厂和自动化生产将成为制造业的新常态，对人工的需求指数级减少，大部分传统岗位将彻底消失。大量普通劳动者将被边缘化，社会将迎来内耗群体。这个群体怎么生存呢？他们靠全民无条件基本收入生活，只要不去制造麻烦，就可以安稳地活着，但生存在这个世界上的价值，就变得微乎其微，甚至是零。

一、劳动力过剩

大家都很担心中国生育率低，会慢慢进入老龄化社会，而老龄化又会给社会带来劳动力不足、社会负担过重等问题。其实这个问题现阶段可能是难以解决的问题，但是在未来可能压根不是问题。当大部分劳动力被机器人所取代的时候，劳动力反而会过剩，会有更多的人从劳动中解放出来。

比如社会中有 100 个岗位，原先对应要 100 个人，随着生产力的提高、机器人的应用，90 个岗位都被机器人取代，原先的 90 个人就面临失业，这个时候新的岗位出现了，可能只需要 40 个人，社会劳动力需求只有 40 人，那么剩余的 50 个人就没有工作可干，从而成为社会的消耗品；或者这 50 个人可以选择成为志愿者，为老年人服务，老龄化和劳动力不足的问题就解决了。

这里提到的劳动力过剩，并不夸张，中国人口众多，即便是 50% 的人不工作，累计起来估计还有 6 亿 ~7 亿人，会带来很多社会问题。如果是这种情况的话，我们真的还需要机器人吗？

答案是肯定的，机器替代人一定是社会进步，社会进步的结果是资源更丰富、人民更富裕，不会出现大面积倒退的情况。工业时代初期，手工业者痛恨机器，但是历史车轮依然滚滚向前，那些痛恨机器的手工业者最终也都接纳了机器。对于国家来说，这也是保持高水平制造能力以及提高人民生活质量的重要一步。

二、机器人代替人工的好处

（1）降低生产成本，留住制造业。机器人生产效率高，可以 24 小时不间断运行，只需要维护保养，不需要工资，最多是消耗一些电能，但是电费相比人工费用来说，成本还是能降低不少。为了留住制造业，发展机器人就成了最有效的方式，生产成本降下来，有利于保证制造业大国的地位。这样一来，可以使产业链更加完整，上下游企业的竞争优势会更大。

（2）制造有效持久。机器人和人力比，还有一个重要的优点就是精度高，而且不怕毒害，能够进一步提高产品质量，并且保证了工人的身体健康。鞋厂容易出现职业病己烷中毒和苯中毒。电子厂容易出现工人铅中毒，清洗电路板易引起正己烷中毒、三氯乙烯中毒和苯中毒。长期吸入粉尘使工人易患慢性鼻炎、咽炎，接触棉、麻粉尘而易患的疾病有纱厂热和急性呼吸道病等。

（3）形成良性循环。企业成本低了，利润高了，就愿意提高雇员的工资。雇员拿到了更多的工资，就会去消费。更多的企业利润，意味着更多的生活消费。消费旺盛了，也会创造更多的商品生产需求，创造更多的服务型就业岗位，而企业也更能淘汰落后产能并进行工厂的升级改造，从而生产更好的商品供社会消费。被淘汰的工人则可以转向服务型的新岗位，创造新的价值赚取新的利润。这是一个良性的循环。

三、工人被机器人替代的问题

（1）机器人是特定工作场所工人的终结者，而不是所有行业员工的终结者。我们可以想象一下，工厂里很多流水线岗位都被替换成机器人后，原来岗位上的工人就失业了。一开始，这些工人确实是要痛苦地面对失业再就业。特别是传统制造业类的工人，被机器人的冲击很大，可能这时，新兴的制造业也会出现，这部分工厂照样需要工人。相对地，服务型行业人员受到的冲击要小很多。

（2）未来服务业只会越来越发达，门类会越来越丰富，还要满足小众群体的需要，从事服务业的人口会越来越庞大。但是也不要太乐观，机器人也会加入服务业大军，他们有很多优势，比如不随便发脾气、力气大、速度快、外形可以很平易近人等。

（3）如果机器人替代的是人们不会去干也不想干的岗位，显然是好事。

从发展的角度来看，人工智能的出现必然会给人类带来福祉。我们将拥有更低的物价水平、更快的产品交付速度以及更广泛优质的医疗条件。我们还将告别交通事故，街上自动驾驶的车辆要比人类驾驶得文明并且安全，还可以让宠物和孩子安全地在户外活动，甚至不再需要购买洗衣粉和电风扇，因为人工智能可以完成这些工作。

然而，如果人们没有工作和收入，又如何能享受到低成本、高质量的智能新生活呢？这时候，国家不得不伸出援手，即公民无条件基本收入，它是近期在北欧引发社会大讨论的一个议题。一般认为，不劳而获严重影响社会的价值取向，滋生懒惰。然而，在机器人代替工人的时代，公民无条件基本收入提供了另一种可能性。失业人口可以通过参与社会义务劳动以及从事艺术、体育等领域的事业来换取国家的资助。

智能技术将提供低成本、大规模的社会监督体系，填补现有人工监督的漏洞，并为每个人的付出和社会贡献提供更合理的评估，以确保公民基本收入按需按质发放。此外，还存在着鼓励个人创业的机制，可以进一步完善现有模式。这本质上是国家对所有社会基本活动的基本保障。国家的资金来源是从盈利的企业中征税。然而，这些举措只能使人类社会维持一段时间。

人工智能还将不断扩展，满足人类社会的需求，从而迫使我们不得不进一步扩大群体的空转。与此同时，还有一种生产方式悄然出现，可以称之为"非人类需求生产"。例如，人工智能将实现自我程序更新、自主寻找能量和物质资源。这种生产方式使人工智能可以自我扩展其规模和能力，类似于生命的延续。从人工智能的角度看，人类需求几乎是固定不变的，而机器没有生命的极限，需求可以无限增长，这意味着分配给人类需求的资源将越来越少，而分配给机器需求的将越来越多。很快，满足机器需求的生产规模将超过人类需求，人工智能将真正为自己而活动。

四、内耗群体

机器人的大规模应用，还会引发一个新的问题：内耗群体。

什么是内耗群体？他们最典型的表现是：无法为经济增长创造价值，无论是劳动力价值还是智力价值。

未来 30 年，机器人的应用不但弥补了劳动力不足，还会使劳动力过剩，进而导致大量的人口没有工作可做或者不需要工作。无工作可做的就是内耗群体，不只是年纪较大失去劳动力的人群，年轻人也可能是社会的负担。

纵观人类历史发展进程，不难判断。人类具备的优势，曾经有身体优势和思维优势，经历过几次工业革命，人类的身体优势已经以肉眼可见的速度被超越和替代了，剩下的是人工智能还不能做到的"人的思维"。但时至今日也不绝对了，人工智能在某些方面的思维能力超越人类的例子，也已经非常多了，虽然仍然可以质疑其能代替人类思考的可能性，不过从人类文明发展的经验来看，人工智能在未来某天拥有如此能力，也就不足为奇了。

人类在创意类工作上是不是要被替代了呢？美国沃顿商学院的教授让 MBA 在校生和人工智能 GPT4 比拼创意能力。他们要求每个学生都想出十几个创业构想，汇集成点子库，还让其他人来评分，类似于创业大赛。他们也让人工智能参加创业大赛，看看人类和 AI 谁的创意能力更强。参赛作品总计 400 个，200 个是 MBA 学生的创意，100 个是未经训练的默认版 GPT4 生成的，另外 100 个是受过 100 个优秀案例训练的 GPT4 生成的，那么结果如何呢？得分排名前四十的创意，其中 35 个是 GPT4 生成出来的，只有 5 个是人类的。更值得注意的是，得分排名前十的创意没有一个是人类的，有 8 个是受训版 GPT4 生成的，有两个是默认版 GPT 生成的。

根据世界经济论坛的报告《致未来的工作》，预计在未来 5 年内，全球将失去 710 万个工作岗位，但在科技、深度服务和新媒体领域却会创造出 210 万个新岗位。总体来看，在未来 5 年内，我们将净损失 500 万个工作岗位，其中以行政工作和白领阶层为主。

未来将产生很多新的工作机会，一些人认为无须担心智能时代下的人类失业问题。然而事实上，在新时代中，消失的工作数量将远远超过新的工作数量，并且新产生的工作都需要特殊专业技能和情感培训才能胜任。新时代所带来的工作不是通过一周的培训就能完成的低技能工作。

10 年后，越来越多的人将无法找到工作，无论是智力还是体力方面，人工智能都优于人类，与机器争夺低级职位的可能性为零。那些被机器取代的人，想要重新就业将变得非常困难，因为能够上岗的工作无一例外地需要多年的专业学习和艰苦付出。

综上所述，我认为人类的最后优势可能就是情感表达能力。但是，如果机器人获得意识，那么连这个优势也有可能失去。有人说，人类的优势在于思维中的创造力，例如绘画、音乐、舞蹈等领域。然而，我认为这个观点很快会被否定，人工智能可以很快地进行绘画、写作、作曲、编舞等，并且水平明显可以超过一般人。

当人工智能全面超越人类所拥有的一切机能（在当前的技术水平下，人类所能达到的极限）时，内耗群体就会出现，其实已经部分出现了。

内耗群体消耗社会的许多资源，他们不需要工作，但仍需要生活。那么，他们会给社会带来哪些变革呢？

当无人工厂、无人企业、无人商店甚至无人医院普及时，许多人可能都不再需要工作。这个内耗群体的人口规模可能从原来的千万级迅速增长到数十亿甚至更多。如果这些人没有经济价值，也没有社会权利，社会将会呈现出怎样的形态？这是否将成为未来 20 年或 30 年内人类面临的最大挑战？

然而，这种挑战在历史上没有先例，我们无法预测。但这不代表我们无法为下一代的教育做准备。他们必须直面这些问题，也许更重要的是教导他们如何不断学习，在不断学习中应对未来的巨变。只有跟上社会变革的趋势，不断改变自己，他们才能在竞争中生存下来。届时，能够做到机器人无法做到的事情变得尤为重要。由此看来，适应并重塑自己是唯一可行的道路，否则将面临被淘汰的命运。

五、无条件基本收入

1929 年，西方国家发生了一场席卷全球的经济危机，这场危机是导致第二次世界大战的重要原因。战后世界各国认识到国家必须保障公民的基本福利，于是世界上诞生了社会福利保障制度，其中最重要的是失业救济金制度。有了失业救济金，就能保障公民在失业后依旧能够无忧地生活一段时间，为找到新工作提供必要的过渡。

然而，在人工智能时代，"工作"的概念将被彻底颠覆和重新定义，将不存在低阶工作或者重复性的工作。大部分人注定成为"时代的弃儿"，沦为内耗群体。

因此，失业救济金制度将变得毫无意义。无论你向某个工人提供多长时间的失业救济金，他仍然无法重新融入社会生产，因为他的知识、价值观和技能可能完全不符合时代的需求。为了保障公民的生存权利，国家推出的不再是失业救济金，而是基本收入。

基本收入中的无条件基本收入是指有规律地、无条件地向个人支付适当金额作为其基本收入。

以下是无条件基本收入的几个关键性质：

普遍的——普遍适用于一个国家的所有公民和居住一段时间的居民。

个人的——个人的权利是非常重要的。现有的许多福利政策以家庭或户为单位，导致家庭内部或男女之间的权利不平等，资金无法直接到达真正需要帮助的人手中。无条件基本收入针对个人，消除了家庭、婚姻、配偶等情况对个人权利的影响。

无条件的——第一，没有收入条件，无须申请，只要是公民或居民时间够长，无论是否就业及收入多少，都一视同仁。现有的福利政策需要进行各种收入审查，耗费大量人力物力。很多需要帮助的人不愿接受这种审查，不想被分类和标签化，因此福利政策并没有达到其目的。第二，没有使用限制，即给予款项后，个人可以根据自己的意愿自由支配。第三，没有行为要求，直接给予款项，没有参与工作或其他要求。因此，一些自称为无条件基本收入的政策，声称只要满足某种条件就发钱，实际上并不符合无条件基本收入的概念。

　　有规律的——指的是支付款项的频率，例如每月支付，保证按时发放。这一点非常重要，因为是否有规律会影响人们的心理状态。有规律同时意味着这是不可撤销、无须偿还的，有助于政策的稳定性。同时，支付应持续不断，而不是一次性支付。有些国家实行的政策是成年后一次性给予一大笔钱，但这并不能算作无条件基本收入，其产生的心理影响与分期有规律支付不同。

　　此外，实施无条件基本收入政策需要对福利政策进行巨大改革，但并不意味着废除所有其他社会福利政策，比如残疾或特殊疾病补贴等。

　　在当今社会，无条件基本收入被视为不劳而获，有些人认为会严重影响社会的价值观，滋生懒惰。然而，在人工智能时代，它提供了另一种可能性。

　　我们今天的收入和财富很大程度上源于我们祖先的努力和成就，而不仅仅是我们个人的奋斗。因此，每个人都应该享有人类共同祖先留下的社会红利。这可以作为无条件基本收入根本的理论基础。换句话说，无条件基本收入的合法性在于，它是每个人生来就应该拥有的社会红利，这是作为人类共同祖先的后代的基本权利。从这个角度来看，无条件基本收入与其他福利政策或私人慈善有着本质上的区别。福利政策和私人慈善建立在强者同情和帮助弱者的基础上，前提是将人们划分为"需要帮助的人"和"不需要帮助的人"。而无条件基本收入则一视同仁。

　　无条件基本收入的根本目的是维护个体作为人类和公民的尊严，使人们无须为了生存而从事自己不愿意做的工作。人们可以花更多时间去探索适合自己的事物，而不必委曲求全。你可能永远被时代淘汰，但你不用强迫自己融入新时代。只要你不制造社会麻烦，就可以平稳地生活。

　　无条件基本收入可以帮助低收入群体摆脱"贫困圈套"和"不安圈套"。

贫困圈套指的是身处贫困的人世世代代深陷贫困之中，很难改变命运。他们经济拮据、医疗困境和教育机会的缺乏。此外，贫困圈套还导致人们陷入不安圈套。因为贫困，他们的生活没有任何可预测性和安全保障。贫困圈套不仅受外部条件的限制，还从心理上彻底剥夺了人们改变命运的可能性。

六、先行者

信息科技领域的两位先锋人物马斯克和扎克伯格就无条件基本收入发表了各自的观点。马斯克表示，在未来社会面临大规模失业的挑战下，实施无条件基本收入制度是一种解决办法。扎克伯格也认为，我们必须积极准备应对自动化取代大量工作的危机，否则将带来一场灾难。无条件基本收入制度可能是解决这一危机的方法。

无条件基本收入，这个过去被视为乌托邦的构想，正在逐渐变为现实。有人认为，无条件基本收入制度是人类实现和谐纪元的第一步。它是一种特殊形式的最低收入机制，不要求个人的工作能力和意愿。这种解决智能时代危机的构想已经在多个国家展开可行性实验。

瑞士是全球首个试图进行无条件基本收入实验的国家。2016年，瑞士就无条件基本收入进行了全民投票。倡议团体在市中心用卡车倒下大把金币的场景，至今令人难忘。瑞士试图通过这样的方式向人们提出一个关于未来的问题：如果不需要工作就能得到工资，你会做什么？这个问题关乎无条件基本收入制度中的核心问题，即当人们获得无偿收入后，会产生哪些积极或消极的影响。

然而，由于负担过重，瑞士民众最终没有通过这项提案。提案想要给每个瑞士成年人每月发放2500瑞士法郎（约合16000元人民币）的基本收入。

然而，78% 的瑞士人反对提案，原因并非他们担心人们将不劳而获，而是担心每月 2500 瑞士法郎的数额过高，国家无法负担。如果数额减少至 1500 瑞士法郎，可能会有更大概率通过。

另一个富裕国家芬兰从 2017 年开始实施无条件基本收入试验。芬兰通过在全国范围的贫困收入者和失业者中随机抽选 2000 名，并每月无条件给每人发放 560 欧元（约合 4280 元人民币）。芬兰认为有必要进行这项试验，因为尽管是富裕国家，但其失业率高达 8.5%，青年失业率更高达 20%。

加拿大的安大略省汉密尔顿市，曾经是钢铁产业重镇，如今由于自动化的推进，仅剩下 7000 人从事与钢铁相关的工作，相较于过去仅剩不到 18%。安大略省决定引进和实施无条件基本收入制度，以试验其可行性。参与试验的人中，许多人选择重新回到学校接受适应新时代要求的教育，提升个人能力，以求得到新工作。

2019 年，美国南加州的斯托克顿市也决定展开无条件基本收入试验。该市过去是加州最重要的港口城市之一，但由于自动化和房地产泡沫破裂，经济陷入衰退。斯托克顿市计划选择 100 名居民，向每人每月发放 500 美元。该项试验致力于观察如果给予破败城市的居民免费津贴，他们会发生怎样的变化，他们是会选择学习，还是享受无忧无虑、得过且过的生活？

七、展望

无条件基本收入制度的构想正在全球范围内得到关注和试验。虽然有一些国家在实施过程中遇到了困难，但这个构想对于解决未来可能面临的智能时代的挑战具有一定的可行性。通过这些试验可以更好地了解无条件基本收入制度对个人和社会的影响，以寻找更合适的解决方案。

　　讨论全民无条件基本收入制度，其实也是在讨论应对人工智能时代变化的重要制度，尽管目前仍处于试验和数据收集阶段。我们的确还需要进行长期的试验和具体评估，以了解这一制度对人类和人性可能带来的冲击和改变。令人期待的是，已经有许多国家和地区在进行相关的可行性试验，可见全民无条件基本收入制度已不再停留在理论阶段。

　　人类生活中会不断涌现出一系列创新思想，常常指引着人类向前发展。尽管这些思想在某个时间点上似乎显得离奇，但它们的实施可能会产生意想不到的效果。关于无条件基本收入，虽然现在显得过于激进和不现实，但如果将来某个经济体真正采纳了这一理论，谁又能说它不成功呢？这可以作为共同富裕的一项试验性政策。

　　首先要看到，无条件基本收入通向真正的自由之路。对绝大多数普通民众而言，满足基本需求仍然是至关重要的，为了满足这些需求，许多人不得不选择从事自己不喜欢的工作，只是为了赚取必要的收入。然而随着自动化的普及，大量工作将会被机器替代，人类被迫从事许多毫无意义的工作以换取微薄的收入。对个人来说，这些无意义的工作是一种身心折磨，为了薪水而工作更是雪上加霜。然而，如果有了无条件基本收入，这些工作就不再是必须的，许多人将从中解放出来，选择那些自己喜欢但不一定高薪的工作。

　　人们将真正摆脱工作的陷阱，实现工作的自由。而这份工作的收入，无论多少，都是对基本收入的补充。

　　其次，有了无条件基本收入，人们可以自由选择事业方向，寻找更适合自己的工作，让工作成为一种自愿的、实现个人价值的行为。无条件基本收入也可以替代大量现有福利政策，成为未来社会的稳定因素。随着科技的发展，许多人面临失业风险，而失业是一种不稳定因素。目前许多国家都有相应的政策，但这些政策都带有附加条件。无条件基本收入则不同，没有任何附加条件，体现了全面平等的理念，是一种真正的和谐因素。无条件基本收入最大的反对声音是认为它将培养懒人。然而与现有高福利国家的政策相比，无条件基本收入政策实际上能够激励更多人去工作，因为只有在工作中人类才能体现自己的价值。

　　无论是从社会稳定的角度，还是从解放人们于工作束缚的角度，甚至克服高福利政策弊端的角度来看，无条件基本收入都是一种不错的选择。尽管这一政策目前没有哪个国家真正实施过，但已经有许多学者、专家呼吁。相信这一政策在未来会更加完善，也许在某个时间点它将真正走进我们的生活。

第八章

物权模糊

可控核聚变一旦大规模应用，巨量的物资被生产出来，物资的所有权变得模糊，人们将会习惯自由取用世界上的大多数物品，而不在乎自己是不是对其拥有绝对的权力。这就如同你并不会在乎你吸入的空气被谁呼出，你呼出的空气会再次被谁吸入。当物资变得像空气一样廉价并容易取得时，其使用方式也会趋于一致。

一、能源与人类发展

人类的每一次进步，都和掌握更新的能源技术分不开。而大规模能源技术的使用都是近 300 年的事，也就是最近 300 年，人们的生活发生了翻天覆地的变化。蒸汽机的出现让煤炭代替了人畜力，石油发动机替代了燃煤机械，电力机械替代了燃油机械……总能耗越来越大、越来越多，能源价格越来越低。

现代社会的发展，让人们对能源的需求呈指数级增长，同时能源价格却不断下降，这导致工业产品的制造数量前所未有地增加。在电气革命之后，电能取代了化石能源，进一步降低了能源成本，从而使工业产品的成本也随之降低。如今，像蜘蛛网一样的电网将地球上的每个角落都联系在了一起，使各国成了命运共同体。没有人可以拒绝大洋彼岸运来的廉价工业品，比如生活物资和工作器械，更不能拒绝远方传来的廉价电力。有人总结说，能源流动是全球化浪潮的真正推动力。现代社会耗能走势如图 8-1 所示。

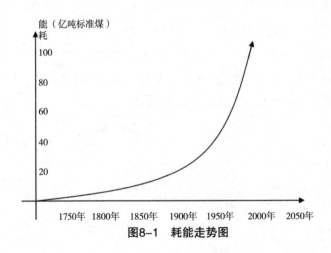

图8-1　耗能走势图

将来，如果我们想要帮助世界上最贫困的30亿人，有哪些选择呢？我认为，第一种选择是研发机器人，让大量廉价机器人进行劳动，使这30亿人从繁重的工作中解脱出来。第二种选择是寻找更廉价、更安全、更清洁的能源，来持续推动能源价格的下降。

第一种选择比较容易理解。那为什么还有第二种选择呢？回顾历史，我们会发现生活质量和能源价格总是密切相关的。

每当新技术催生的新能源价格大幅下降时，人们的生活质量尤其是最贫穷的人们的生活质量，就会得到大幅改善。因此，对于人类来说，解决能源问题就是解决人类共同面临的难题，特别是那些生活在贫困线上的人们的难题。

对于未来社会而言，更低的能源价格意味着上下游产业将获得巨大的红利，许多产业将迎来腾飞。届时，发电技术和电力传送技术都将取得突破性进展，而用于发电的材料或介质肯定也会有重大突破，整个人类社会将进入完全电气化时代，对化石能源的依赖程度可能不再那么高，未来的世界格局也会随着能源成本的降低而发生一定的变革。

二、通向未来的新能源之路

未来，能源价格的确会越来越便宜，但这并非凭空出现的，而需要建立一个完整的体系，这个体系将极大地影响未来社会的发展方向。

太阳能和潮汐能对于人类来说几乎是永恒的，目前已知的核能也是，风能、生物能和水能都源自太阳能，同样是取之不尽用之不竭的。实际上，煤炭、天然气和石油等化石燃料也是取之不尽用之不竭的，只是它们的生产周期太长。其实无论是物质、能量还是能源本身，都以取之不尽、用之不竭的形式存在着。之所以人们目前没有这种认识，是因为目前的技术还无法让我们游刃有余地利用它们。

三、核聚变

谈及未来新型能源技术时，核聚变是一个绕不开的话题。

与传统的核裂变反应堆相比，核聚变具有明显的优势。核聚变所使用的重要核燃料是氘，而氘在海水中大量存在。据测算，海水中大约每6500个氢原子中就有一个氘原子，每升海水中含有约0.03克的氘，而这0.03克的氘通过核聚变反应产生的能量相当于燃烧300升汽油所释放的能量。

地球上的海水总量约为138亿亿立方米，其中氘的储量大约为40万亿吨，足够人类使用数百亿年。锂是实现纯氘反应的过渡性辅助燃料，地球上的锂储量超过2000亿吨。

尽管自然界中氚的含量比氘少得多，但可以从核反应中提取出来，并应用于热核反应中。科学家们正在利用海水中的氘作为主要原料进行核聚变反应的实验，以期建立可商业运营的热核聚变反应堆，彻底解决人类未来的能源问题。更重要的是，核聚变反应是一种清洁的能源形式，在核聚变过程中不产生千年不分解的核废料。在核聚变反应堆中，每时每刻只有微小的氘在进行聚变反应，无须担心失控的危险，也不会像核裂变那样产生放射性物质。即使像切尔诺贝利核电站那样发生了事故，核聚变反应堆也会自动停止反应。因此，可控核聚变所产生的能量可以说是一种无限、清洁、成本低廉且安全可靠的新能源。

在社会一系列动力的推动下，核聚变研究已持续了半个多世纪。核聚变发电原理很简单，但以人类当前的技术水平，实现核聚变仍面临相当大的挑战。

实际上，人类早已实现了氘氚核聚变，即氢弹爆炸，但氢弹是一种不可控的爆炸性核聚变，瞬间释放的能量只会带来灾难。要实现核聚变发电，就需要让核聚变反应按照人们的需要持久稳定地释放能量，这样才能实现和平利用核聚变能源的目的。

综上，人们对于实现聚变能的难度有了更深入的认识。然而自 20 世纪 70 年代起，苏联科学家发明的托卡马克核聚变逐渐显示出其独特的优点，并在 80 年代成为聚变能研究的主流。

20 世纪 90 年代，在欧洲、日本和美国的几个大型托卡马克可控核聚变装置上，聚变能研究都取得了突破性进展，这种装置已基本达到产生大规模核聚变所需的条件。可以说，聚变能的科学可行性已经基本得到验证，有可能考虑建造"聚变能实验堆"，为研究大规模核聚变创造条件。

在未来，可控核聚变的实现是可期的。

四、衣食住行革命

核聚变电站完全不受限于地理位置，这也会变相推动城市化，或许沙漠、高原甚至南极冰盖都会变成城市。在初高中时期，我和小伙伴就畅想过：如果高原地区甚至是西伯利亚、南北极可以成为粮仓，用人工温室和人造光源种粮食，水资源可以直接淡化海水，撒哈拉、中东等沙漠地区不再缺水，那时世界会发生什么变化？相信粮食的激增会使其变得非常廉价，人口结构和人口分布也会发生大变化，以前无法承载太多人口的地区可以像大城市一样住人了。地球上遍布城市之后，人类顺理成章地就要迈向太空，摆脱资源限制。从这个意义上来说，核聚变电站的使用意义不亚于使用火给人类社会带来的一系列变化。

除了人口方面的变化，农业方面也有了巨大变化。人们将摆脱对土地的依赖，开发出立体农业，利用电能便可完成农业生产。粮食生产的完全工业化，使食品极大丰富，从而打破了地球发展的人口承载上限。大量耕地可以还林还草，把地球还给自然，还给原生态，会让地球环境及生态得到根本性的修复。

再者，电动汽车全面替代燃油汽车，人们的出行成本大大降低。真空高速列车的普及，使跨省跨市上班成为常态，如家住海口，公司在北京，每天上下班已没有任何时间和交通压力。

总之，能源价格的大幅下降会从根本上改变社会生活的方方面面。

五、和谐纪元

核聚变发电的实现，除了会给人们的衣食住行等方面带来巨大变化，也将从根本上改变人们的生活，甚至对于国际政治产生深远的影响。我们有理由相信，当核聚变发电成为现实后，人类将迎来和谐纪元。

和谐纪元是什么？"各尽所能，各取所需。"

各尽所能，是每个人按照自己的能力去工作，无须勉强自己。劳动不是被迫进行的苦役，而是个人的兴趣、爱好和需要，因此再没有打卡机或者其他强制手段监督人们工作。

各取所需，不是说想要什么就有什么，而是按照实际需求进行合理公平地分配；而人们也自觉、自律、有尊严地获取。

由此可以预见，和谐纪元会有两个方面的突出特点：一是丰饶、平等、全面发展；二是高度的自律。

有人说，人天生都是懒惰的。各尽所能可能的结果是，根本就不去工作；各取所需就是空谈。

在原始社会，一个人的打猎所得，仅够自己食用；而以现在的生产力，一个人工作一天，可以养活 10~100 个人（注意：是养活，不是高标准生活）。那么当核聚变能源技术获得突破后，人工不工作这个问题就变得无关紧要。假如很多人选择不去工作，那么只需要更多的机器人去工作即可。社会照样保持物资丰富，足以供养人们，使人们各取所需。

各尽所能，各取所需的基础已经打好了。

当核聚变技术成熟时，人类就等于拿到了进入卡尔达舍夫等级的第一级门票，也就是母星文明。进入母星文明，就可以利用所在行星的所有能源，并且可以建造太空城和巨型建筑。同时人们的活动范围也扩大到行星深处、海洋深处、大气上层、太空、周围卫星等。

假设在未来 30 年内核聚变成功商用，带来的直接的改变是人们将不再需要支付电费。而能源作为人类生活的关键资源，哪怕有微小的变化也会给社会带来广泛而深远的影响，给各种直接和间接的产业链条带来无穷的可能性。从能源本身出发，我们可以不断延展思路，尽可能地勾勒出一个完整而全面的未来全景图。

场景一：人们不再节约

到那时，现在人们所倡导的节约用水、节约用电、节约粮食等节约节能的概念可能没人再提及。

因为那时已经出现了循环技术，各种被我们之前视为浪费的资源都可以被循环系统再次利用回到人们身边，再次被人们用掉后，继续进入循环加工程序，就这样循环往复。甚至年限大于 20 年的房屋，车龄大于 10 年的家用车都可以随时舍弃后进入循环再利用。

此外，廉价的电力会对水资源的利用方式产生本质变革，大量海水在经过淡化后被输送到干旱地区和城市，用于人们的生产生活，且成本极低。这意味着全球的沙漠地带都可以变成绿洲，甚至变成雨林。这一切会让人们的生活物资变得极丰富，至此物资的所有权就会变得模糊，人们会习惯于自由取用或按需分配。这就是和谐纪元的基础。

场景二：电能为城市带来超舒适体验

超导材料的广泛应用使得超导技术实现了指数型升级，让我们日常的电网容量扩大了成百上千倍。

家用电线的规格将从现在的 4 平方毫米、6 平方毫米上升至 10 平方毫米及以上，电力接口标准将重新定义，32A 插座将替换掉现在的普通 10A 及空调 16A 插座；由于电动汽车的快充进入日常家庭，三相电也在普通家庭中慢慢普及开来，家庭充电桩从现在的 3.5 千瓦、7 千瓦上升到 120 千瓦及以上。因为对大电流的需要，主干线的电线普遍采用液氮降温，以避免温度太高发生事故和线缆太粗挪动困难；而且，城市主干网采用综合管廊的形式布置。

此外，人们将彻底告别做饭使用天然气、冬季采暖使用煤或天然气的历史，全部使用电能。而且，长江流域的人们不用再羡慕北方的人冬天可以使用暖气，他们也实现了每家每户都用电力暖气，并且一个月的使用成本只相当于半天的工资。此外，核聚变电站发电时放出的热量能成为供暖热源，免费为周围的居民供暖，大家也无须担心核辐射等问题。

星罗棋布的核聚变发电厂可以让北方的城市冬天温暖如春、夏天凉爽如秋。在进行城市道路铺设时，在其内部加上制热 / 制冷管道，就好像铺了地暖管道一样，冬天下雪时，路面依然保持 20 多摄氏度的温度，夏天暴晒时制冷剂也能维持路面温度在 20 摄氏度左右。

场景三：煤炭、石油等变成化工原料

能源结构将发生巨大变化。煤炭、石油、天然气、页岩油、页岩气等能源形式将演变为原料型资源，成为制造业的原料而非燃料，比如用于生产塑料、化纤、洗洁精、化妆品等。这样，产品将会变得更加廉价。国内卖石油的企业都转型搞生产，中东的石油企业也从卖原油转为卖油制品原料，中东不再受制于各个国家的能源博弈，反而能带来持久的和平。

场景四：巨型工程和超级城市

工业体系将再次发生革命性升级。现在很多工业设备都是电老虎，一个企业的用电量可能比一个城市的用电量还要大，这类企业一般是冶炼、化工、机械等复合型企业。当电力降价后，这类企业的用电成本将大大降低，故而其生产的工业产品的价格也将大幅跳水，如金属、汽车、厨具、衣服、塑料制品等的价钱可能只是原来的 1% 或 1‰。

当金属变得非常廉价时，我们可以更自由地改变建筑的宽度、深度和高度，人造设施的巨型化将变得登峰造极。当上万米高的巨型建筑对人类来说不再罕见时，那么接下来我们就可以试试更刺激的事情，例如，太平洋跨海大桥、超音速地铁、真空超高速公路等，而且成本也将大大减少，如现在要花费上百亿、上千亿元的巨型工程，那时可能只需要花费少量的钱就能搞定。

建材的廉价可以让城市发展进入到另一个维度，立体的交通体系很容易就能实现，直径上万米的建筑可以大量走入现实，一座建筑就是一座城。高山和海洋这样的地貌不再是建筑的建设障碍，如果有必要人们可以在江河湖海甚至海面上架设城市。现在盖楼，开发商出于成本的考量一般都要尽量压缩地下空间的面积，而当能源廉价后，廉价的金属构件可以制作出跨度几千米的地下巨型空间，然后再根据空间布置生活、购物、娱乐功能区，每个功

能区的空气都和地面一样新鲜，甚至比地上空气还要洁净。巨型屏幕铺满整个地下顶棚，模拟蓝天白云；大量的日光灯可以模拟太阳的光谱，即使生活在地下，也能享受到和在太阳下一样的待遇。如果不是电梯提醒你在负15层，你甚至会忘记自己生活在地下。冬季到来，当地上寒风凛冽时，地下却生机盎然，一派春天的景象。这样的环境相信会让更多的人接受常年生活在地下。

部分城市核心区也可以建在地下，特别是严寒地区或非常热的地区，甚至整个城市都能搬到地下。一个城市就犹如一枚巨蛋，大部分被埋在土里，只有很少一部分暴露在地上，一枚直径 10~15 千米的巨蛋可以居住几千万人，城市完全变成立体的，三分之一的人生活在上层，三分之一的人生活在中层，三分之一的人生活在下层。城市规模的上限将大幅提高，北京、上海这样大的城市住几百亿人都不是问题，房价更不用担心了，组成房子的材料很廉价，因此房子也不贵。地下城可以模拟白天和黑夜，房间内都是恒温恒湿防虫的，小朋友再也不用担心夏天的蚊虫叮咬。

场景五：农业工业化

人们住在地下超级城市，那么农业生产也将在地下完成。将农业区设置在地下，采用工业生产的形式进行种植，农业被划入第二产业，农民的身份等同于现在的工人，并且对学历要求很高，因为要操作很多自动化设备。农作物被种植在多层货架上，原来地上农田只能种植一层农作物，而到时可以种植几十层、上百层的作物。作物在模拟太阳灯的照射下慢慢长大，之后被收割，传统的亩产概念被彻底颠覆，被立方亩所代替，占地一亩的农业工厂产值相当于传统地上一亩产值的 100 倍甚至几百倍。一亩立方田可以养活上万人，千亩立方田可以养活一座千万人的城市。

农业生产再也不需要考虑季节的更替及外部环境的变化，洪水、虫害、干旱等都不会对农业生产产生一丁点的影响。封闭的地下农业工厂可以隔绝任何有害的生物，只允许有益的生物进入，农药从此不再被需要。农业的总产量呈几何级增加，原本人们预计地球只能承载100亿人口的上限被彻底打破，地球人口从100亿上升到万亿（因为这时人已经可以永生，只要不是自愿结束生命，都可以一直活下去）。

场景六：交通超音速化

交通工具将发生大变革。大型交通工具如飞机和高铁都装上了聚变能心脏，不用再考虑补能的问题，1996年2月7日，一架超音速协和客机从伦敦飞抵纽约，仅耗时2小时52分59秒，创下了航班飞行的最快纪录，但因为燃烧的燃料太多，票价昂贵，载客量一直都严重不足，导致该机型全部退役，不得不说非常遗憾。但是，在掌握了核聚变技术后，这一切将发生改变。飞机普遍采用超音速的速度飞行，从中国出发两个小时内可以到达全球任何地方。我们早上可以推着婴儿车带着父母来一次两小时的旅行，到家时还能赶上午饭的饭点。在陆地上真空超音速高铁犹如蜘蛛网一样，只要是人口100万以上的城市都有真空高铁可以选择，不用1个小时就能从北京到达海口。北京的老年人每天都可以乘坐高铁去海南的海边遛弯，然后再使用老年卡免费乘坐高铁回北京。

电动汽车更是全面普及（真空隧道电车也非常普遍），几乎人手一辆。同时，自动驾驶技术的普及解决了车祸的危害及停车难（需要停车时，车位和车可以自动匹配）的问题；而且，无线充电技术的普及，使得充电变成了无感充电，用户不需关注电能损耗，电动车会按需自动充电，续航焦虑不存在了，因为电池技术可以让小汽车轻松行驶上万千米，如果是越野车、大型货车等高耗能汽车，会直接安装小型核裂变电池，一年补能一次就行。交通工具变得更智能，因为有自动驾驶技术，人们没必要盯着导航看。因为有远距离超音速运输货机，海洋货轮运输将被淘汰，在海洋上，只有一些渔民的自动打捞船在作业。

场景七：生产流程改写，内耗群体出现

生产流程会被改写。原来为节约电力而存在的设施或生产设备、生产工艺等都变成了摆设，那时的人们可以采用高能耗来换取原料及人工产生的成本，使综合成本更低。比如，采用 24 小时无人值守的智能自动化设备来替代人工，尽管每小时效率可能不及原先高，但因为电力成本廉价，无人值守可以 24 小时不间断作业，使得单个产品成本更低，而且生产总量还比之前高很多。更多的工厂采用这种 24 小时生产模式，整个工业体系的效益都得到了提升。

人工智能被普遍应用后，自动化技术有了革命性进步，各种各样的自动化工厂一夜之间遍布大江南北。工厂只需要极少数人力便可维持，甚至只需要智能机器人就可以搞定所有的生产环节，成本几乎可以忽略不计。这样的工厂就犹如一套自运行的超级机器人，只需把上游的原料和电缆接入，就有源源不断的食品或其他商品被生产出来。当廉价能源生产不计其数的商品时，我们不由得感叹，能源才是物资世界的硬通货，天文数量计数的能量换来的是天文数量的生活物资，各类机器吃进去的是能源，吐出来的是丰富的产品。为和谐纪元的"按需分配"提供物质基础。工厂犹如病毒一样在地球深处开采各类矿产，提取各种元素。人类则生活在地表附近，一点都感受不到地下千米深作业的热火朝天。人们所消耗的物品正在以指数型增加，但是也不用担心，因为废弃物基本可以循环利用。

生产型的"工业社会"和消耗型的"人类社会"泾渭分明。内耗群体就是这个时期产生的，他们无须任何工作就能体面地生活。他们再也不用担心购买不起物资，缺衣少穿彻底成为历史记忆，无所事事的宅男宅女将大行其道。当一生都是业余时间时，怎样打发时间成为大家日常的共同话题。文化产品可能因此极度贫乏短缺，故而能让大家开心度日的工作者的待遇水涨船高。也有人成立娱乐组织，从低级趣味的享乐中脱离出来，推动社会整体文化的进步。

如果人们不想学习也不想植入知识芯片，也可以悠闲地过完一生，而且这一生还是永生的。之所以社会会接受内耗群体的存在，是因为他们可以提供优质的人口基数，他们的部分后代可以去外星球把更多的资源运回地球，供地球上的人享乐。不工作、不劳动并不会对社会产生更多的影响。当社会财富足够多时，即便 70% 的人口全都是无用的，只会消耗，也可能只消耗掉了社会总财富的 10%，对社会根本构不成影响。当这种生活状态稳定下来后，人们就没有了后顾之忧，个人对财富的观念也将彻底发生改变。原本属于个人的东西，处理起来就会非常随意。哪怕是自己的爱车、自己的大房子都可以轻易地赠予别人，并不需要任何回报。人们在衣食无忧的状态下，完全放下了思想包袱，家庭矛盾指数级降低，抑郁症患者越来越少。那时人们追求的是真我、是爱。人们会将追求兴趣爱好贯穿自己的一生，替代现在利益导向的人生观、价值观。

场景八：治理温室效应

温室效应将得到治理。当几千亿人生活在地球上时，不计其数的无人工厂将释放大量的热能，甚至为了维持城市的四季如春，会消耗天文数字的能源，使得热量对地球产生了严重的温室效应，但有一个好消息是，当农业工业化后，大片的农田都退耕还给自然，森林覆盖了地球上很大部分的陆地，大量新增加的森林可以固碳、除尘等，进一步平衡生态。但是这还不够，人们还在太阳轨道上布置了和地球同步的太阳伞来遮蔽部分阳光，降低太阳对地球的热辐射。这就好像给地球撑了一把太阳伞，按需调整阳光的进光量即可。

场景九：魔幻立体交通

立体交通将成为现实。当一条路因为交通流量过大而拥堵时，可以极低的成本在路面上空再摞一层道路（甚至是真空隧道），一层不够，还可以摞5层，5层不够，还可以摞50层……交通彻底立体化！此外，物资运输也建有专有通道或传送系统，和人的交通工具完全隔离开来。完全自动驾驶车辆在专用的高速通道上运行，获得了更安全的空间保证。城市之间采用立体真空管道超级列车作为交通工具，每一个县级城市都可以开通超音速高铁。

立体交通体系完美地解决了超高层建筑的交通问题。现在的高层都需要从地面1层进入，当到达100层时，需要很多部高速电梯不停地运输，费时费力。当立体交通成熟后，这一切将迎刃而解，那时人们想把车开到大楼的多少层都可以，甚至是地下100层，车也可以直接进去。比如一栋建筑地上100层、地下100层，总共200层，如果按照现在的交通设置方式，我们只能在地表1层设置电梯大堂，而有了立体交通后，我们可以把路直接修到任意一层，电梯的压力会大大降低，电梯的故障率也会降低。即使是遇上突发情况，也可以上下几层后迅速逃离。当发生火灾时，消防员可以直接把消防车开到距离火源最近的楼层进行灭火。

场景十：成长的大山被移走

上学、工作、买房、结婚、育儿等现在看来是人生的一座座大山的事情，到那时都将不复存在。即使你一事无成，整天无所事事，也丝毫不影响你的生活质量，政府或组织会按你的需要发放给你生活物资。而你也会轻松地找到和你臭味相投同样无所事事的他（她），用不了几年，再生出几个同样无压力很快乐的孩子。像你这样生活的人，地球上有几百上千亿，大家早就学会了互相接受。

场景十一：追求生活意义的群体

发明创造这种有利于社会进步的爱好将得到整个社会的共同肯定，因此那时从事发明创造的人群会受到人们的追捧和尊重。到那时，如果你想，你的孩子是不需要去学校学习知识的，也没必要，但是人们更加注重对孩子的人格培养，家长为孩子获取幸福方面依然操心。当然学校依然会有，并且会有很多五花八门的学校，不仅仅是学习文化知识的学校，比如交际学校、美食学校、钢琴学校、瑜伽学校、足球学校等。当然学校里面的老师大部分都是基于爱好从事教学的。孩子可以按兴趣、年纪、性别等选择适合自己的班级，完全可以做到因材施教。到那时，年纪已不是上学的限制条件，只要你想，100 岁了照样可以去幼儿园和 3 岁的孩子一块玩耍。如果你想，你也可以去学校任教，只是新手老师需要提升自己的技能和人格魅力才能得到社会的认可。那时的社会总财富每年都会因为机器人大军加入生产环节而翻倍增长，而对教育的投入更是成比例地增加，教育依然很受重视。到那时，以学习、研究为目的的大批精英人士，将会聚在一起，形成社会的中流砥柱，他们的思想与"享乐主义"者完全不同，意识形态有天壤之别，从而形成脱离于平民、内耗群体的精英新阶级。

但与统治阶级不同，这个阶级圈不是封闭的，只要你用心去学习，不愿做无所事事的内耗群体中的一员，那么你就可以进入这个群体。荣誉成为所有人的最高追求，在自己爱好的领域获得优于他人的特长是每个群体的自发学习动力。做饭、唱歌、唠嗑、美术、足球、钓鱼等技能特长将替代金钱成为你在社会上的地位，越多的人认可你，你的地位就越高。相关的比赛成为大部分人每日关注和讨论的内容，例如你亲戚会炫耀他儿子在唠嗑大赛中获得了终身成就奖（唠嗑成为一门语言艺术）。

场景十二：人们更钟爱艺术

社会的尔虞我诈大部分的成因是人际竞争、利益驱使，而这些存在的原因，当生活物资井喷后，将变得非常廉价甚至免费，人际竞争会因此大大降低，大家没必要为了一点物资而争个你死我活。

相对的，人们创作的歌曲或舞蹈等具有个人原创性质的东西却变得更有价值。普通人活在免费的艺术空间，但是一部分人会为了艺术和原创花去生活的大部分积蓄。老年人爱古董，青年人爱手办。为原创作品的价值付钱的理念被大家认可，年轻人可能为了某一种艺术形式组成一个新的群体，对外是相对封闭的。

到时，一些艺术形式或艺术品会变得异常昂贵，因为很多人都想得到它。文化产品将变成暴利产品。归根结底，还是文化产品的独特性，使其和工业产品不同，能够赋予人们更多的内涵，而工业产品只是人们的工具，人类更愿意为有情感的东西买单。

场景十三：全球大融合

当大量的人口不再需要工作，或者即便有工作的人群也认为工作并不是特别重要时，人口的迁徙会更加自由，并且在交通超高速和富足生活的加持下，人们的迁徙规模可能是不可想象的。"漫游"生活受到大量人群的青睐。

我们可以买一辆时速 1000 千米的电动房车，用几年时间寻找最适合自己生活的城市，用几个月深入地体验这个地方的气候、环境、风土人情，待完全适应后再决定在这个城市住 1 年还是 10 年。我们可能每隔几年就会换一个城市生活，享受不同的风土人情。人们聊天的话题可以从南极到北极、从成都到墨尔本、从太平洋岛国到青藏高原，看似风马牛不相及的两个地方，都因为人的迁徙而变得有了联系。地理、语言、饮食等的隔阂慢慢消除，整个地球成了一个大家庭，全球化时代彻底到来。

地方传统再次迎来挑战，民族的概念会越来越淡化，文化大一统的趋势已经不可阻挡。当各种族之间互相通婚后，人类的肤色和样貌差异越来越小。因为某一项爱好或价值观，就可以使不同种族、不同肤色的人聚集在同一个城市，他们超脱了国家和民族的界限，让城市焕发不同的特色和生机。

也许有人会担心："我并不喜欢和外来种族一块生活，怎么办？"其实也不需要担心，当人口基数非常庞大后，你总是能找到与你志同道合的朋友，你们可以选择住在一起，或选择一种与众不同的生活方式。甚至，当你们觉得地球上所有村落与城市不适合时，你们也可以选择集体迁徙到外太空的某一个星球上生活。

场景十四：社会保障

到那时，由于物资已经足购丰富，因此社会可以无条件地保障老年人的生活，如国家可以不计成本地将钱投入到各种适合老年人出行的无障碍设施的建设中。而且，老年人不想利用退休闲暇时光发光发热的话，也完全可以像年轻人一样"漫游"世界。残疾人就更不用说了，社会可以为他们免费提供各种人工器官，使他们的躯体变得和正常人一样。即使不能和正常人一样，也可以像老人和孩子一样得到照顾。

场景十五：人与生态的和谐

巨量的工业品如果没有完善且成熟的回收处理系统，对地球生态来说将是灾难。但好在，那时人们已经掌握了100%的垃圾回收处理技术，所有废弃的物品都可以通过按照元素进行分类回收利用。当人类城市和工业、农田都逐渐下沉到地下的时候，地表更广袤的空间便留给了植物及野生动物，因而那时会有更多的野生动物繁衍生息。现在大片的无人荒漠到那时会因为工业海水淡化技术的加持变成原始森林和草原，成为很多野生动物的新家。

那时，地球生态得到进一步的修复。由于地表的森林覆盖率大幅提高，因此温室效应得到有效的缓解。同时，人们对地球的内部也做到了了解和重视，并探明了其内在与外部的千丝万缕的联系，对它们都进行了充分的利用，让地球变得更适合人类生存和生活。

人类天生是喜欢大自然的，因为我们也是从低等生物进化而来的，只是我们由于智慧的进化而更适应城市生活，但这并不影响我们热爱大自然的心。因此，不论科技发展到什么程度，人们内心依然是想要保护地球、保护环境的，宗旨不会变。

除了人类主观上保护地球的愿望，机器人大军也是生态修复的一线工作者。只要我们发布指令，遍布全球的机器人大军便会行动起来，事无巨细地维护生态平衡，修复已经损坏的地球表面。机器人的工作效率、覆盖范围、工作时长等都没有上限，可以说它们的精力是无限的，因此濒临灭绝的动物和植物都能得到机器人最好的照顾，机器人会给它们最好的温度、湿度、光照环境，让它们快速繁殖，壮大群体。同时一些野蛮生长的动植物也会被机器人抑制。

当生态链条不能形成闭环时，机器人将替代那些缺失的动植物成为生态系统中的新成员。比如，一些动植物没有天敌，适量的机器人就可以充当它们的天敌。机器人除了照顾动植物，更重要的是照顾人类。机器人还有一个重要的工作就是维护城市的健康运转。大量的机器人会自动运行在城市的各个角落，为人类 24 小时服务，有专门处理垃圾的，有运送食物的，有打扫卫生的，有测试空气质量的，有灭蚊子、蟑螂、耗子的，有进行医疗诊治的，甚至还有进行建筑检测修复的……

当纳米机器人技术成熟后，各种细节都可以得到修复，包括人身体内的病毒及癌细胞都可以被清理。此外，社会秩序的维护也依靠机器人，如它们维持演唱会的秩序，避免聚会可能造成的踩踏风险，等等。机器人之所以被委以重任，是因为它们了解人类，因此当一些别有用心的人想预谋搞破坏时，它们会第一时间知道，并在第一时间处理。

场景十六：技术进步不再依靠人类

从推动其他行业发展的角度来看，一旦能源变得极其廉价，各种高耗能的应用就会出现，譬如超大规模计算系统、量子计算系统等。而算力的提升又会反哺强人工智能的推进，强人工智能体的诞生又会带来难以言说的巨变，变化之大甚至可能完全超出我们人类的想象。

廉价的能源还会助力人类开发出超级材料，如功能各异的纳米材料可能就是核聚变时代的普通产物，或许有一天我们不用洗衣服了，穿过的衣服只需要抖一抖，灰尘和气味就会掉落。冬天和夏天穿的衣服可能是一样的，因为衣服具有了调温功能，可以根据环境调节温度。这个时期的技术进步可能不再需要我们人类的推动，强人工智能完全能够替代人类进行科学实验和研发等。总之，未来一切皆有可能。

六、迈进恒星级文明的门槛

从能源使用的角度来看，最初我们的先辈普遍使用的能源是木材和木炭。200多年前我们祖辈才真正大规模开始用石油、煤和天然气，由此引发的蒸汽革命把石化能源转换成热能、动能，推动人类进入工业时代。接着石化能源又被转换成电能，让人们从此进入电力时代。

我们在这200多年里，也大规模利用了水能、风能、太阳能，还有初级核能，并实现了核裂变。核能源天生的风险短板是我们人类无法接受的，如日本福岛电站的泄漏至今没有完美的处理方案。而水能、风能、太阳能又有着多方面的限制，比如区域、传输、能量转换率等，未来只能作为能源的补充，满足不了工业社会对巨量能源的需求。

而能源的形式很大程度上决定了人类文明的层级，我们在未来 30 年大概率是要进入更高级的工业文明的。那么未来新能源的方向是什么？可控核聚变是已知的一个技术方案。有了可控核聚变，我们的深空旅行才能真正启动，否则我们只能生活在地球这个宇宙中的渺小星球上。可以想象，人类掌握可控核聚变能源技术后会给社会带来多大的变化。当这一切都成为现实后，随着核聚变反应堆的小型化甚至便携化，最终，人类将奔向星辰大海。

第九章

国际货币体系的变化

　　我们构建并训练人工智能大模型，使其智能快速上升，到达一定高度后，人工智能便能反哺人类，解决人类遇到的问题。届时，货币体系也会发生改变，掌握能源技术革命的国家，其信用级别会提高，其发行的货币会迅速成为全球主导货币，再结合电子货币的应用，将形成第四阶段的国际货币体系。

一、人类货币发展的三个阶段

在原始社会，货币还没有出现，人们交易的方式是以物易物。但以物换物的方式太低效了，并且一些不易移动的东西也很难拿去交换。到了原始社会末期，才逐渐有了实物货币。发展到工业社会乃至今天，货币不但大行其道，而且也不再仅仅是交换的媒介，更是在其基础上形成了一个庞大的金融体系。

人类的货币发展经历了三个阶段，即将步入第四个阶段。回顾一下前三个阶段：

第一个阶段：原始社会，以物易物，物物交换。

在原始社会，你三只羊换我一头牛，你一斗米换我一斗面；或者你三只羊换我一头牛，我再用这三只羊去换一匹马。这种以物易物的形式，很难促成实际的等价交换，而且以物易物还仅限于能移动的物体，不能移动的物体很难交换，所以当时的贸易十分落后。

第二个阶段：农业社会，以金、银、铜、玉石、珍珠等高价值商品为媒介。

农业社会，人们慢慢定居下来，对物品交换的需求也更多、更大，这就促进了货币的广泛使用。东周之前，贝币的应用已经非常广泛，除了具有一般等价物的功能，还具有装饰的作用，通常被有钱人拿来装饰居所。

贝币在中国以外的地区也有流通。澳大利亚地区的原住民，包括北澳大利亚、新几内亚岛和南北太平洋诸岛屿的居民，也使用贝作为货币。不同部落间的贝币可能不互通，有的使用珍珠贝，有的使用海贝。时至今日，新几内亚岛的部分地区仍然承认贝币的法偿性，并可以按比率兑换为巴布亚新几内亚的法定货币基纳。

我国商代晚期出现了用铜制成的金属贝。东周之前，金银等计量货币以及布币、刀币等铸币开始广泛流通，贝币逐渐失去了作为货币的功能。到了春秋战国时期，贝币完全退出历史舞台，中国形成了以诸侯割据为特色的四大货币体系：楚国的蚁鼻钱、中原地区的布币、齐燕地区的刀币，以及秦国的环币。

秦灭六国后，废除了各个国家的旧币，将圆形方孔半两钱作为法定货币。中国古代货币的形态从此固定下来，一直沿用到清末，持续了千年之久。但是，这些货币都具有区域性，只在族群或国家内部流通，一旦涉及不同部落或国家之间的贸易，就会变得比较复杂。

到宋朝时，因铁钱笨重不便，纸币交子应运而生，它不仅是中国最早也是世界上最早的纸币。

第三个阶段：工业社会，纸币及电子化的纸币。

18世纪起，英国通过资产阶级革命和工业革命迅速崛起，成为世界霸主。1816年，英国以法律形式确立了金本位货币制度，使英镑能够以固定比例兑换黄金。随着英国世界霸主地位的确定，金本位货币制度也开始被世界上许多国家采用，成为现代国际货币体系的起点。

在金币本位制度下，各国规定了本国货币的含金量，两国之间的汇率由货币含金量之比来确定。此外，一个国家发行的货币量与其黄金储备量挂钩。金币本位制度确保了流通中的货币相对于基准币黄金不贬值，并维护了外汇市场的相对稳定性。

19世纪至20世纪初，国际货币体系在传统金币本位的支配下相对稳定地运转。然而，第一次世界大战成为一个转折点，战争期间，许多欧洲参战国放弃了传统的金币本位制度，即本国货币不再与黄金保持固定兑换比率。

为何一旦战争爆发，原有的货币制度便崩溃了呢？实际上，是因为欧洲参战国家内部出现了巨额的财政赤字。为填补赤字，许多国家采取的措施是一方面通过财政部发行国债，另一方面由央行购买一部分国债，相当于自己印钞票自己借钱。在这种相对于黄金超发的情况下，它们只能放弃货币发行量与黄金储备量之间的挂钩。

"一战"后，金块本位制和金汇兑本位取代了传统的金币本位制度。英国和美国在国际格局中的权力对比发生了变化，导致国际货币体系从以英镑为核心的传统金币本位转变为金块本位制和金汇兑本位制度。

"二战"后，在国际货币体系面临新的转折点时，英国提出了凯恩斯计划，建议建立一个总部设在伦敦和纽约的国际清算同盟，类似于世界银行。此同盟内以"班科"（Bancor）作为记账单位，以黄金计值。

美国提出了怀特计划，建议建立一个总额为50亿美元的国际货币稳定基金，会员国根据自身黄金和外汇储备等因素缴纳不同份额的资金，缴纳份额决定了会员国在该基金组织中的话语权。最终，怀特计划在1944年的布雷顿森林会议上胜出，确立了布雷顿森林体系，其中美元与黄金挂钩，其他国家的货币与美元挂钩。从此，美元奠定了其在国际货币体系中的核心地位。

二、国际货币体系

在过去的一百多年里，国际货币制度经历了多次变革，从金币本位到金块和金汇兑本位，再到以美元为中心的金汇兑本位，这些变革都与国际权力格局的演变紧密关联。

尽管货币市场参与者可以选择国际货币体系所遵循的秩序，但这种选择必然受限于国际权力结构，绝不会发生在权力真空中。相对于效率原则，国际权力格局的变化对国际货币体系的演变具有更显著的影响。只有当权力结构相对均衡时，市场效率原则才能发挥作用。

首先，货币由两个部分组成，即"货"和"币"，它们分别代表了两种完全不同的事物和概念。"货"指的是日常所需的商品，而"币"则是用来评估和交换这些货物的媒介，可以是各种贵重物品，如白银、黄金，甚至是印刷有特定标记的纸张等。商品始终是不变的需求，而币则在不同时期以不同形式存在。因此，商品才是核心，人们并不关心使用人民币还是美元进行交易，只是在某一阶段大家约定俗成地使用某种货币来结算而已。

其次，交易的双方分别是商品和货币。既然我们认为货币一文不值，那么拥有商品的一方为何愿意进行交换呢？怎样才能实现等价交换和公平交易呢？这就需要货币具备人们赋予它的价值锚定作用或信用认可。在旧社会，人们使用铜、白银或黄金作为货币材料，后来随着纸币的出现，纸币被锚定在黄金上，可直接兑换等值的黄金。

从经济学的角度来看，货币是一种交易媒介，人们赋予其一种被交易双方认可的价值标识，即促进市场交易，降低交易成本。故而，国际货币体系是一边遵循着市场规律地发展，一边在不断朝着交易成本最低、运行效率最高的形态演变。

国际货币体系虽然因经济的发展而生，但其不仅反映全球经济问题，更重要的，涉及国际权力问题。国际货币体系背后的逻辑是全球权力格局的变化，两者密切相关、相互影响，共同塑造了国际社会的格局和形态。

前面我们已经介绍过了人类货币史发展的三个阶段，未来将进入货币的第四个阶段：从原有的国家信用转向能源技术、国家信用加互联网技术。

未来能源技术革命有望最先发生在几个特定的国家，如中、美、法、印、俄、英、日、德等国。一旦技术突破取得成功，不仅将加剧国与国之间的经济差距，还会进一步推动国家的城市化进程。

另外，生产模式也将发生变化，许多难题将迎刃而解，例如电动汽车、磁悬浮列车和海水淡化等都可以直接依靠电力解决。由于电力无法无损储存，因此要保持低价必须消耗大量电能；同时，能源结构也将发生改变，石油体系将面临崩溃，化石燃料将失去主要能源的地位，成为纯粹的化工原材料，依赖能源出口的国家的优势地位将迅速下滑。

当廉价能源带来巨量财富，并在短时间内创造出大量财富后，衡量财富的货币体系也将发生改变，掌握先进能源技术的国家发行的货币将迅速成为全球最具影响力的货币。

能源技术的突破将带来廉价能源和工业巨量财富的创造，这将使富裕国家的信用等级大幅提升，再加上数字货币等互联网技术的应用，形成第四阶段货币体系。

三、开放话题：货币和货币体系的未来

（一）货币国际化

著名经济学家罗伯特·蒙代尔指出，国际货币体系的演变取决于成员国的权力格局。由此引发了几个问题：

在历史长河中，是什么力量推动国际货币体系的演变？

为什么世界上的主要国家总是积极推动自己国家货币的国际化？

货币国际化能给国家带来什么好处？

首先，当现有的国际货币体系受到冲击时，货币体系的中心通常会尽力

维护体系的原状，保持自身地位。以布雷顿森林体系的建立为例，英国作为当时的霸主，虽然知道自己势力已衰退，但仍竭尽全力与美国进行角力，试图改变最终结果。英、美两国对国际货币体系主导权的争夺从 1941 年起开始酝酿，一直持续到 1944 年的布雷顿森林会议。因此，在某种程度上可以说布雷顿森林体系是英美权力转移的产物，然而，美国作为新的霸主也并不是一帆风顺的。

进入 20 世纪 60 年代后，美国财政赤字巨大，贸易逆差大幅增加。许多国家预见到美元的实际购买力可能下降，于是纷纷将持有的美元储备兑换成黄金。面对不稳定的局势，美国当然会尽力维护自身利益。然而，美国并没有遵循市场原则，努力纠正国际收支逆差，恢复其他国家对美元的信心，而是采取了强力手段向其他国家施压，阻止黄金储备进一步流失。

尽管如此，情势继续恶化，美元与黄金的固定兑换比率越来越难以维持。最终，1971 年 8 月，美国总统尼克松决定放弃金本位制度，布雷顿森林体系解体。

那么，在国际货币体系中，货币国际化到底给超级大国带来了哪些好处，以致让他们如此重视这一位置呢？普遍认为，铸币税是其中最明显的经济利益。铸币税是指货币发行方特有的收益形式，因为只有货币发行方可以通过直接印钞的方式购买物品或偿还债务。花费 1 美元印刷一张面值 100 美元的纸币，就可以购买价值 100 美元的物品或偿还 100 美元的债务。这是其他国家所没有的特权，也是一种独特的经济收益。

然而，如果货币发行方通过印钞的方式偿还债务或购买物品，流通中的货币量将增加，而实际生产的物品并没有增加，这将导致物价上涨。这一成本由全体货币使用者承担，可以视为一种变相税收。这就是铸币税中"税"一词的由来。

对于货币发行方而言，铸币税是一种经济收益。而为其提供这种收益的是使用货币的人，对他们来说，这是一种成本、一种变相的税收。

如果只看到这一层面，那么看问题就过于简单了。还有一个更深层次的概念叫作国际货币权力，最初由经济学家大卫·安德鲁斯提出。当一个国家通过与其他国家的货币关系影响他国行为决策时，其就具备了国际货币权力。

除此之外，货币因素在许多国际事件中也发挥了重要影响。在这些事件背后，反映出一个关键事实，即一个国家的货币在国际上的使用范围越广，其拥有的国际货币权力就越大，也就是能通过货币关系影响的国家就越多。因此，我们可以看到，在国际货币体系中，除了候选霸主国家争夺领导权外，其他国家也积极推动本国货币的国际化。

（二）货币数字化

目前人们理解的数字货币，是以国家信用作为背书发行的数字化的货币。

先来讨论三个问题：

第一个问题，数字货币是什么？在发行、流通、管理等方面，它和现有的货币到底有多大的区别？

第二个问题，从新生事物的角度来看，数字货币落地后对现实会产生什么颠覆性的影响？

第三个问题，数字货币对经济生活、金融系统、国际贸易有多大的影响？

我们来逐个展开分析。

对于第一个问题，数字货币并不神秘，因为中国扫码支付的普及，它就是一种电子化的现金。首先，这种电子货币应该是货币的一种迭代。从传统的纸币到数字货币的转变，其中重要的一条，就是从货币安全的角度来说，它是种加密技术。

在纸币阶段，人们使用现金，商业银行或者央行是没办法监控纸币之间的交换的，一旦货币数字化，支付行为就会被记录下来，可供监管员随时查看。这就意味着整个金融系统，包括货币发行、支付行为、转账行为等，都会实时在线，实时可供查询。数字货币在安全方面要注意什么呢？无疑是加密的问题。

关于第二个问题，现阶段，数字货币可以帮助本国货币在全世界更好地流通。

第三个问题的答案是降低交易成本。数字货币可以降低商业行为各个环节的成本，比如记账成本、信用成本、信息成本、信息收集和处理成本等。之前，很多商业交易之所以不能发生，就是因为交易成本太高，当交易成本降下来后，交易的范围就会扩大，进而就可以产生更大的市场、更多的技术进步。

（三）国际货币体系走向

虽然国际货币体系的演变有遵循市场效率的一面，但效率优先并不是首要原则，稳定的国际货币体系一定是建立在稳定的国际权力格局之上的，相比于效率原则，国际权力格局的变化才是国际货币体系变迁的一个更重要的推动力。

第十章

太空矿工

小行星 16 Psyche，是由铁、镍、铂、金等金属物质组成，如果将这颗小行星上的所有金属运回地球，其价值总额将高达 10000 万亿美元。这么诱人的财富一定会有人去追逐，这会不会是新一轮的造富运动？

一、太空矿工的种子

人类对能源、矿产资源的需求实际上是超乎想象的。虽然地球上的资源很多，但是可利用的资源却在急剧减少，比如很多贵金属或稀有金属，地球上的开采难度越来越大。

十几年前上映的《阿凡达》，至今位列全球影史票房第一，其中前往潘多拉星球采矿的故事情节为无数人播下了太空探索的种子。

如果把视野转向太空，我们会发现，地球本身只是一颗普通的岩石、金属星球而已，宇宙中金属资源超过地球的行星一抓一大把，甚至连太阳系小行星带内的一些非常不起眼的小行星蕴藏的金属矿产资源都超过整个地球（见图 10-1）。

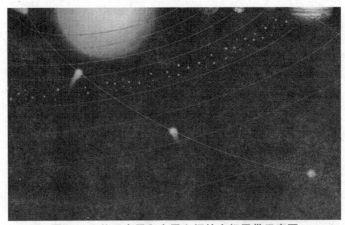

图10-1　位于火星和木星之间的小行星带示意图

在目前掌握的数据中，16 Psyche 就是一颗典型的金属小行星，它由铁、镍、铂、金等金属物质组成，直径超过 200 千米。如果将这颗小行星上的所有金属运回地球，其价值总额将高达 10000 万亿美元。

是不是听起来很诱人？

除了 16Psyche 这颗金属小行星，在太阳系内其实还存在无数丰富的资源，很多地球上稀缺的元素，在太阳系内均可找见。比如，小行星 2011 UW-158，它所含的铂金成分，总重量或达到 1 亿吨，商业价值可能高达 5.4 万亿美元。未来太空采矿的目标不仅仅是铂金，因为一颗直径为 1 千米的小行星可能含有超地球 3 倍的铁镍矿，一颗巨大的小行星或者可以满足地球数百万年对镍铁的需求。类似这些小行星有可能为人类提供近乎无限的、极其宝贵的原材料。

如果你创办了一家太空采矿公司，甚至不需要到小行星带那么远的地方就能找到一颗足够近的小行星开采，毕竟已经发现有上万颗小行星与地球轨道接近。

在已经发现的小行星带中，至少有 711 颗估值超过 100 万亿美元。

当然，如果将这些小行星上的金属一次性带到地球上，地球上的物价无疑会受到冲击，这也会导致它们的价值大幅下降。即使这样，这些小行星的价值也依然会超过地球上现有的最富有的人的资产总值。

二、太空矿工的先驱

地球上最早进行太空探索的是俄罗斯科学家康斯坦丁·齐奥尔科夫斯基。他为宇宙航行提供了理论基础，被称为"航天之父"。

第一个真正登上月球并进行"采矿"的是美国人。1969 年 7 月，美国宇航员阿姆斯特朗成为首次登上月球的人。除了名言"这是我个人的一小步，却是人类的一大步"外，他还在月球上留下了自己的脚印，并收集了月球上的标本。这标志着人类第一次真正进行太空"采矿"。

地球上的一些矿物之所以昂贵，主要是因为它们非常稀有。相比之下，太空中的矿产非常丰富，几乎取之不尽、用之不竭。这使得太空采矿更加诱人。正是出于对巨大商业利益的追求，许多有天赋的冒险家们将注意力集中到太空采矿上。

2012年，行星资源（Planetary Resources）公司公开了他们的太空采矿计划，随后一批批超级富豪和天文学家纷纷加入其中。这家公司的股东包括谷歌创始人拉里·佩奇和董事长埃里克·施密特，以及微软前首席软件架构师查尔斯·西蒙尼等。这些股东个个身家不菲，此外还有大导演詹姆斯·卡梅隆和一群前NASA科学家作为顾问。可以说，这个团队阵容非常强大。

随后几年，更多的太空采矿大军也争相加入。

2021年4月底，中国商业航天初创公司起源太空发射了一架名为NEO-01的太空采矿机器人。

美国的AstroForge是另一家相信太空采矿将成为现实的公司。

2023年9月24日，一个带有250克小行星样本的返回舱成功地降落在美国犹他州，随后样本被空运到一个临时的无尘室，以确保它不会因接触地球环境而受到污染，这是美国宇航局首次实现小行星采样返回，这一壮举不仅标志着航天技术的新高度，更是人类探索宇宙的一个里程碑，而完成这次任务的是一个名为奥西里斯REx的探测器。它在2016年9月8日从美国空军基地发射升空，于2018年12月抵达小行星贝努附近。经过一年多的精细考察和反复挑选后，它选择降落到名为夜莺的采样区上，并利用机械臂在小行星表面完成采样。2021年5月，它带着这些珍贵的样本踏上了返回地球的旅程，在经过两年多时间的航行后，顺利地到达了地球的预定轨道，并在超过10万千米的高空释放了样本舱。虽然它出色地完成了这次的采样任务，但它的使命并没有因此而结束，它将继续飞向小行星阿波菲斯展开探索，以进一步了解太阳系的形成和演化过程，为我们人类揭示更多的宇宙奥秘。

现如今，小行星采矿已经不再是探索阶段，而是进入了实施计划阶段，甚至触及了商业化的边缘。这是否意味着我们正迎来一轮新的致富浪潮？

事实上，太空采矿需要具备扎实的基础。这种行为有可能颠覆地球上现有的工业体系，特别是与资源、能源相关的工业。现代工业对资源消耗越来越大，一些资源已经趋于枯竭，而一些特殊矿产则被少数人垄断。在国家层面上，太空采矿具有明显的利益前景，很容易让执政者立法鼓励本国商业公司参与这场运动。

毕竟，太空中的资源非常丰富：小行星富含大量金属资源，某些星球几乎遍布黄金、钻石、铂、稀土、锂、镍、铯、铀等，可以完美地解决地球资源稀缺的难题。

这意味着，如果一个国家能够大规模获取太空资源，那么他们将能够颠覆地球现有的工业体系，重塑国家的科技实力，并增强在全球事务中的话语权。从这个角度来看，没有哪个国家不愿意参与这场竞争。

资本市场对太空采矿新兴公司非常看好，投入了大量资本。例如，行星资源公司获得了超过 5000 万美元的投资；日本的月球探索初创公司 iSpace 先后融资超过 1.2 亿美元，Astroscale 公司融资超过 1.09 亿美元；中国的起源太空公司也在成立后不久获得了 5000 万元人民币的天使轮融资。

现如今，虽然距离阿姆斯特朗首次踏上月球已经过去了半个世纪，人类也已经能够熟练地进入太空并返回地球，但我们所使用的技术和理论仍然停留在 20 世纪的水平。21 世纪以来，由于动力和材料的限制，人类仍然停留在火箭时代。所谓的宇宙飞船只是一个小小的圆柱体，远远无法用于采矿和大规模运输。只有当真正的大型航天器问世后，人类才有希望开发小行星上的矿产资源。

三、太空新航海时代

2019 年以来，美国太空探索技术公司（SpaceX）的星舰多次进行试飞，标志着太空采矿航海时代的开启。

星舰可以干哪些事？

（1）可以把大量的人类、机械和物资带到外太空。

（2）可以在大型小行星上建立防宇宙辐射的地下基地，在小行星表面建立矿石处理和储存设施。

（3）可以将无人飞船或机械固定于小行星上采矿；可以利用特殊装置在以岩石为主的小行星上定点精确开采高价值矿物。

（4）可以将直径比较小的小行星拖到指定地点。

（5）可以把人员和物资运回地球。

为什么星舰是人类探索外太空的里程碑？原因在于，它有可能开启廉价航天时代，引发商业航天的浪潮。

在此之前，航天活动的成本极高。例如，1969 年阿波罗 11 号完成登月任务，虽然获得了无数赞誉，但事实上整个阿波罗计划历时约 11 年，总共耗资 255 亿美元，仅为此次载人登月任务所进行的测试活动就有数十次（包括阿波罗 1~10 号的 10 次测试）。

即使后来的航天飞机，每次发射的平均成本也高达 15 亿美元。而且太空采矿还面临着诸如矿产价值鉴定等问题，这让普通公司不敢轻易尝试。因为即使仅遭遇一次失败，也很可能陷入破产的境地。

星舰的发射成本是多少？目前，其与有类似运力的波音 SLS 火箭的每次发射费用约为几十亿美元。而如果星舰的一级和二级都能成功回收利用，那么每次发射的成本仅为 200 万美元。

这种降低成本的突破，引发了人们对廉价航天时代的期待，并可能催生商业航天的大浪潮。

廉价航天为什么有可能引发商业航天浪潮？廉价运载火箭是一个平台，任何想在航天、太空等新领域有所涉猎的企业，都可以以此为基础进行产品的研发，太空产业的发展速度将超乎我们的想象。

降低航天发射成本会将太空探索活动更加平等地开放给更多的参与者，这不仅意味着更多的国家和企业将有机会参与到太空活动中来，也会促进创新和技术的迅速发展。届时，更多的组织将能够承担太空探索和太空资源利用的成本，推动商业航天业的蓬勃发展。

此外，降低成本还将进一步激发太空经济的潜力。随着太空资源的开发和利用，太空产业链将得到拓展，涉及卫星通信、导航系统、地球观测、航天旅游等多个领域。这将带来更多的商机和就业机会，加速人类对太空的探索和利用。

因此，如果星舰项目能够成功实现发射成本的变革性降低，无疑将引发一场剧变，将商业航天推向一个全新的时代。

以商业载人航天旅游为例，在安全得到保障的前提下：

如果商业载人的价格，单人花费 1 亿美元，估计没有人愿意掏这个钱。

如果商业载人的价格，单人花费 5000 万美元，也许有几个富豪会愿意尝个鲜。

如果商业载人的价格，单人花费 1000 万美元，也许会有更多的富豪愿意完成一次体验。

如果商业载人的价格，单人花费 50 万美元，也许我们所熟知的一些名流都会去太空转一圈。

如果商业载人的价格，单人花费 5000 美元，也许普通家庭小年轻的婚礼都要考虑在太空办了。

如果单人花费低于 5000 美元，那应用场景就更多了，比如在太空长期运营医院。

这样看，如果星舰项目取得成功，意味着人类首次拥有了廉价进入太空的能力，可以为人类创造更多的财富。

商业航天的发展与互联网的发展逻辑和路径高度相似，完全是供给—创造—需求的过程。目前它正处于发展的初期阶段，与 20 年前的互联网产业类似，亟待上游产业成本的降低。也就是说，只有在成本降低的情况下，商业航天业才能真正实现供给与需求的平衡，从而推动市场的发展。

就拿卫星产业来说，上游成本高昂的卫星制造阻碍了空间基础设施建设的推进，在卫星应用产业链的发展方面存在一定的制约。

不仅仅是卫星产业，如果考虑人类进入太空并进行太空经营等任务，需要确保火箭、航天飞机等载具的低费用、大运载能力和简单操作。总的来说，太空产业中制造成本要足够低，人类才可能在太空或其他星球上复制地球上的一切生产和生活，甚至创造更多形式的活动。

要实现这个目标，也并非遥不可及。实际上，日本的"隼鸟号"于2010年成功将小行星"糸川"样本带回地球，而随后的"隼鸟 2 号"和美国的奥里西斯 -REx 探测器也都成功接近目标小行星。未来探测小行星的成本可能只需数百万元。

并且，人们也不能一直用过去的眼光来估算未来的成本，因为航天业已经有了廉价发展的趋势。因而，我们可以预见，过去，带回地球一个直径为10 米的小行星需要 50 亿美元，而 5 年后可能只需要 5 亿美元，10 年后可能只需要 1 亿美元。

星舰试飞开启了新的时代，就像当年的大航海时代一样，不再局限于地球，而是面向整个宇宙。

　　尽管全球范围内有许多太空资源开采公司，但目前还没有一家能真正将太空资源带回地球并出售。一旦有公司能做到这一点，整个太空行业将迎来真正的突破。而且，这条路径一旦开启，随着航天技术的进步，人们会发现越来越多有价值的矿产星球，然后在采矿技术愈加成熟和廉价的加持下，我们就真的能实现"资源自由"了。

第十一章

多星球寄居

1961 年，人类第一次去往了外太空；1969 年 7 月，人类第一次登月，这是自地球上开始有生命以来，人类第一次涉足地球以外的天体。人类从时速 5 千米的步行到时速 1000 千米的飞行跨越，仅用了 70 年的时间，相信在不久的未来，人类最终会实现驾驶着太空飞行器飞往别的星球寄居的梦想。

一、种族的生命保险

从生命和人类演化史来看，生命在时空范围内的扩张是必然的，几万年前，智人从非洲大陆的某个地方出发，如今已经遍布整个星球。移民其他星球，乃至星际移民，已经被无数科幻小说家和科幻爱好者设想过。当然这也是科学探索的主题。100年以来，对地球以外世界的探索，已经花费了无数的人力、物力。但在我们这个时代，星际移民不但提上了日程，而且还在一步步地实现。这不仅是政府行为，也是民间行为。这件事儿，因为一个人的努力而变得几乎人尽皆知，而且进程大大加快。这个人就是埃隆·马斯克。马斯克说他的梦想是让人类去火星生活，相信这个在未来20年内就可能实现。既然人类能上火星，那么很多星球也是可以去的。

马斯克迫不及待地想要人类成为跨星种族，他期待着在火星上退休。为什么？他认为把全部鸡蛋都放在一个篮子里不是个好主意：我们都居住在地球上，这意味着如果地球有什么不测——自然灾害或者黑科技自毁，那么人类就麻烦了。就像把一套非常珍贵的数字相册只保存在一个并不十分可靠的硬盘上，你肯定会把它们备份到第二张硬盘上。这个概念叫作"种族的生命保险"。

史蒂芬·霍金认为，人类无法在未来几千年中持续生存，除非我们散播到太空……我们面临着大量的生存威胁：核战争、灾难性全球变暖、基因工程病毒等。而且随着新技术的发展，新的意外事件随时会出现，故而未来威胁生存的因素还会不断增加。如果我们想要拥有长期的未来，就需要将目光投射到地球之外，将人类散播到其他星球上去，这样地球上的灾难才不会导致人类灭绝……

美国普林斯顿大学教授 J. 理查德·戈特（J. Richard Gott）认为，1970年时，大家都估计 50 年后（也就是现在）我们应该已经把人送到火星上了，但是我们没有把握住机会，故而今天的我们应该尽快进行这个计划，因为移民到其他星球是人类降低风险、提高生存概率的最佳机会。如果我们只待在一个行星上，早晚会出事，而等到危机降临时再去火星上建立居住地，那就太晚了。

NASA 局长迈克尔·格里芬（Michael Griffin）认为，长期来看，单行星物种无法持续生存……如果人类希望生存数十万或者数百万年，那么移民其他行星是必需的选择……未来某天，生活在地球之外的人会比地球上的人还多。

科幻作家拉里·尼文（Larry Niven）说：恐龙灭绝了，那是因为它们没有太空计划。如果我们灭绝了，那也是因为我们没有太空计划。

著名物理学家费米有一个著名的理论被大家所知——费米悖论：外星人是存在的——科学推论可以证明，外星人的进化要远早于人类，应该已经来到地球并存在于某处；外星人是不存在的——迄今，人类并未发现任何有关外星人存在的蛛丝马迹。

马斯克对费米悖论的解读是，由于我们从未看到过任何外星生命的证据，这种奇怪的现象让其怀疑太空存在"大量单行星死亡文明"。他提出以下警告："如果我们非常稀有，那么我们最好尽快进入多行星文明状态，因为如果文明是脆弱的，那么我们必须竭尽全力来确保本来就非常低的存活概率得到大幅提升。"

二、另一个地球

世界上不存在两片完全相同的树叶。这个观点细品其实存在一些漏洞。树叶是由什么组成的？是由更小的原子构成的，而原子的数量是有限的，因此当组成树叶的原子排列组合用尽时，就会出现与之前的树叶完全相同的树叶。只是树叶的数量可能非常庞大，以至于我们目前无法计算出来。

按照类似的原理，如果我们发现的星球数量足够多，一定会存在一颗与地球完全相同的星球。从生存角度来看，也不需要完全相同，只要能满足人类居住的需求即可。因此，这个概率就更大了。

根据人类的生存标准，在可观测宇宙中至少存在数以万亿计的宜居行星。除了这些行星，还可能存在同样数量级的宜居卫星，以及更多适合一部分地球生物居住的天体。

不列颠哥伦比亚大学的米歇尔·库尼莫托（Michelle Kunimoto）和杰米·马修斯（Jaymie Matthews）对银河系中类似地球的宜居行星的潜在数量进行了估算。他们利用开普勒望远镜的 20 万份观测数据进行分析，得出在银河系的 4000 亿颗恒星中，约有 7% 是类似太阳的 G 型星。而每颗 G 型星周围 0.99~1.7 个天文单位范围内的保守定义的宜居带中，可能有多达 0.18 颗半径介于 0.75 到 1.5 倍地球半径之间的岩石行星。在排除了一些假设的影响后，这一稳健估计值约为 0.1 颗。

将 4000 亿乘以 7%，再乘以 0.1，可以得到 28 亿。这是银河系中类似地球的行星数量。

无法观测到的宇宙规模可能是无限的，即使假设它是有限的，其体积也将至少是可观测宇宙的上千万倍，甚至更大。如果假设无法观测宇宙中的情景与可观测宇宙中的情景类似，那么整个宇宙中类似地球的行星数量将超过一千亿亿亿颗，这个数字已经非常庞大了。

此外，宜居并不需要完全相同，只需要部分条件相似即可，而这无疑又进一步扩大了类地行星的数量。人类对宇宙的大小知之不多，更不用说宇宙之外的情况了，如果宇宙之外还存在其他宇宙，那么星球的数量将是无法计算的，而适合人类居住的星球更是会数不胜数。

三、费米悖论

即使只有千分之一的行星诞生了生命，整个银河系仍可能存在超过100万个文明。只要其中一个文明突破星际旅行技术——不需要非常高的速度，只需要达到脱离恒星引力的最低速度即可，那么只要该文明的飞船降落在某个行星上并能利用该星球的材料进行自我复制，那么这个文明就可以在约200万年内扩散到整个银河系。然而，人类至今没有看到外星人的任何踪迹，甚至没有看到高级外星文明改造所在恒星系的迹象，整个宇宙似乎死寂一片。这就是费米悖论。

费米的问题是，从概率的角度来看，假设银河系中只有1%的行星上有高智慧生物，那么，仅在银河系中就至少有100万颗具有类似人类这样高智慧生物的行星。那为什么这么多的高智慧生物没有来到地球呢？

目前关于此最可靠的说法是大过滤器理论。该理论认为，文明可能在宇宙中随处可见，但每当达到一定水平时，文明就会被毁灭，无数生命被这道过滤器无情地阻止，在毁灭和新生之间循环往复。迄今为止，还没有任何一个文明能够走到星际旅行的程度，所以我们看不到外星人。

四、生存限制

对于人类而言，延续性和创造性是让文明持续发展的根本。但在发展的过程中，人类会受到自然法则的约束，因此人类应尽可能多地掌握分类技术，尤其是高难度的技术。而从当前来看，科技创新是人类发展的唯一选择，只有依靠科技，人类才能加速进化进程，来最大可能地突破自然法则的局限。

根据目前的技术趋势，未来10~30年内人类可以制造出具有自主能力的智能机器人，并将它们投放到其他星球，然后通过工厂化的方式制造出更多的机器人，实现群体繁殖，形成机器人文明。机器人可大可小，且不需要受环境等条件的限制，寿命比人类长得多，具有超越人类文明的生存能力。此外，我们还可以制造微型机器人和宇宙飞船，让它们携带文明信息甚至DNA信息，成为其他星球文明的种子，在宇宙中广泛传播。数亿年后，整个银河系可能会遍布地球人类文明的后代，不论是机器人文明还是人类文明。

想象一下，当人类在多个星球上建立了定居点后，似乎实现了几千年来的梦想。很快，银河系的每个角落都出现了人类的活动痕迹，对于人类来说，银河系已经没有未知之处，对于任何位置的精确描述就像检视自己的后花园一样。

在多星球定居，我们人类没有任何经验，所以一切都是全新的。为什么要离开地球移居到火星等环境恶劣的星球？虽然地球拥有相对优越的自然环境，但地球上也存在着其他地方所没有的可怕天灾的人祸。假如有一天，地球上的人类遭遇了灭顶之灾，在地球之外的新文明可以传承火种，成为人类的灯塔，帮助重建地球，避免宝贵的科学技术和文化艺术失传。再次强调，对于未来，我们不能仅停留在旧思维中，还必须考虑到地外新世界崛起的人类新文明。

设想一下，或许多年以后，人类会散居于很多星球上，而那时的人类也已经发生了明显的变化：一是人类的一切需求都已经能够得到满足，不用再为了生存而破坏环境；二是人的平均寿命已经可以达到150岁甚至更长寿；三是人们可以进行星际旅游，其他星球上的人可以来地球参观，而地球上的人也可以经常到其他星球走走。

五、火星计划

人类离开地球并不是一次就能完成的，要经过很多阶段，大概可以按照在外太空的人类数量进行评判。

1 ~ 9 人，低科研水平，只有一两个小规模空间站；

10 ~ 99 人，中等科研水平，几个主要大国都有自己的空间站，每个站点人数在10人以上；

100 ~ 999 人，高等科研水平，类似南极科考站，几十个国家参与，几十个站点，外加少量资源利用；

1000 ~ 9999 人，初级开发阶段，小规模定居点，少量工厂，人们的分工更具体化，衣食住行各司其职；

10000 ~ 99999 人，中级开发阶段，小型城市出现，工厂数量更多，有一定数量政府组织和教育、医疗等服务机构；

100000 ~ 999999 人，高级开发阶段，可以脱离地球资源自给自足；

1000000 人以上，星际殖民阶段，如果有需要可以成立一个独立的国家。

看到星际开发，你想到了什么计划？对，马斯克的火星移民计划。

火星移民计划是指由马斯克向媒体透露的移民火星并在火星上建立社区的计划。荷兰一家机构推出单程前往火星的登陆火星计划，自全球报名发起以来，已有上百个国家的 20 万名志愿者提出申请。火星是除金星之外离地球最近的行星，由于运行轨道的变化，它与地球的距离在 5570 万 ~ 4 亿千米之间，人类到达那里需耗时至少 6 个月。

根据马斯克介绍，他计划在 2060 年之前将 100 万人移民到火星。为了实现这个目标，SpaceX 需要准备至少 1000 艘星舰飞船，并建立地球和火星之间的定期运输航班。在人类移民到达之前，大量设备将先被送往火星，机器人将负责完成火星基地的初步建设。

开发火星会极大地促进人类科学与思想的进步，因为去做一件从来没人做过的事会遇到很多未曾遇到过的问题，恩格斯曾说："社会上一旦有技术上的需要，则这种需要就会比十所大学更能把科学推向前进。"

火星移民是一个充满挑战和机会的宏伟计划，尽管还有很多问题需要解决，但马斯克和他的 SpaceX 团队正在积极寻找解决方案。可以说，他们的努力和创新精神为人类提供了一种未来的可能。

六、星际移民

当类似火星计划的项目落地后，就会形成很多个舰队去往不同的星球。

由于环境和发展方向的差异，甚至是星舰领导人的风格不同，每个舰队和所在星球都会形成独特的社会形态。成功的社会结构在任何一个发展方向上都具有极大的价值，甚至可以成为获取宜居星球的机会。

最初的宇宙舰队服从于所属国家，但随着宜居星球的开发、时间的推移，以及距离的限制，宜居星球最终可能会完全独立。

宜居星球并非必需条件，只要星系中存在适龄的恒星和资源丰富的行星，就有潜力发展为定居点。定居点的规模会根据资源丰富程度而决定。相邻的定居点可能会联合，也可能因发展方向不同或社会结构崩溃而发生冲突。然而，在大多数情况下，定居点更倾向于选择联合以实现各自利益的最大化。战争是愚蠢且毫无意义的，因为每个定居点都拥有独特的环境，居民必须根据环境决定发展方向。因此，对于发动战争的一方来说，并不能从中获益，此外，战争会导致资源极大的浪费，最终可能会被周围的定居点所超越。

只要离开地球，便可能形成不同的文明。

在人类移居多颗星球的情况下，多颗大规模星球要想统一，几乎是不可能的。但是，可以建立一个名义上的认同组织，实际上还是各星球自治。例如类似英联邦的组织，成立星舰联邦。

第十二章

既往经验正在失灵

　　现如今，中国民营企业平均寿命仅 3.7 年，中小企业平均寿命只有 2.5 年；每年约有 100 万家私营企业破产倒闭，60% 的企业将在 5 年内破产，85% 的企业会在 10 年内消亡，能够生存 3 年以上的企业只有 10%，大型企业的平均寿命也只有七八年。因此，一辈子待在一个公司或只做一个行业已经不现实；而只会一门手艺或只掌握一项专业恐怕也已经行不通。也许一二十年后，人类面临的将不是失业，而是根本无法就业，因为那时所谓的"工作"，将无一例外地都需要有特殊技能和特殊才华，社会的剧烈变化会导致原有经验不再适用。

一、再就业的无奈

有一个年薪百万的人，之前在一家房地产公司做项目总经理。2021 年6 月被迫从房地产公司离职，其实他是不想走的，但疫情叠加房地产行业下行，使得他被迫下岗了。他在家休息了 2 个月后，选择再就业时却发现好像没有适合他的岗位。投的简历也都石沉大海，偶有面试的也和他之前做的工作没有关系。他这样"选"了一阵子后，最终被一家医药公司录用。但上班后发现，他原来的工作经验几乎用不上，现在面对的是各种医药专业名词，几乎所有的工作都需要学习。对于年近 40 岁的他来说，觉得很痛苦和无奈。我相信这是很多中年换岗的人的共同感触。

什么是经验？经验，其实就是对过去经历的感性认知。也就是说，如果你没有亲身经历某件事，就不会有什么经验。经验只是感性认知，而不是理性思考，它不一定正确，也不一定适用于我们尚未涉足的领域。工作时间的长短并不重要，因为很多人的工作都是重复的，而且是初级的。如果我们不懂得将工作经验转化为知识和能力，那么多年的工作经验也没有什么意义。

比如，一个一辈子都在做出租车司机的人，并不一定能成为驾车的专家。所以，经验并不像想象的那么重要，关键在于我们是否能够从经验中提取出适用于各种场景的底层逻辑和通用能力。再比如，虽然没有新行业的经验，但只要具备"快速理解一个新行业"的能力，那么积累行业经验就是分分钟的事情了。

二、经验的失灵

经验可以分为两种：

（1）通用经验，对各种情况场合都适用。比如待人接物等。

（2）专业经验，只对应某一个行业。比如焊工，有初级、中级、高级等，每一个级别对应了不同层次的焊接经验。

前面提到的那位房地产项目总经理，他在房地产行业工作了十几年，积累的是什么经验？大部分是企业管理协调经验、建筑开发流程经验，一旦他去了医药公司，转换了行业，他能拿出手的工作经验估计只剩下企业管理经验。只要他去的不是地产相关的企业，原本的经验就会失灵。

三、经验的无效积累

工作的无效积累会降低人的价值，让人再就业时不具备优势。有人总是自称经验丰富，实际上却只是做一些许多人都能做的事情。与其说他们积攒了多年的工作经验，不如说他们浪费了多年的宝贵时光。人生最大的失败就在于把浪费光阴当作经验的积累。

在日常工作中，我们觉得自己很辛苦，感觉做了很多事情，但实际上大部分都是一些琐碎无效的工作，比如订酒店、考勤、培训、整理纪要、打印文件等。虽然我们感到忙碌，却并没有获得实质性的提升。这是因为我们陷入了无效积累的泥淖中。我们所积累的只是重复性的简单经验，比如将货物从甲地送到乙地，我们能从中获得什么经验呢？

如果从事的是一项不需要处理复杂情况的简单工作，在达到一定水平后，我们就会进入舒适区。在这个舒适区中，我们的专业技能并没有太大的提升空间。许多职场老手就处于这种状态，并且乐得享受这种状态。

但是这种"温水煮青蛙"的工作状态对个人的发展十分不利，所积累的都是无效经验。如果从不迫使自己走出舒适区，将永远无法取得进步。这就像一个钢琴家用相同的技巧和方式反复弹奏同一首曲子30年，他的技艺肯定不会持续有所提高。在技巧和方式固定后，之后的所有练习都是在做无效经验积累。而要想真正获得提升，只有走出舒适区，接触到困难、陌生的曲子，重新刻苦练习，才能达到目的。工作也如此。

四、经验的有效积累

有效的经验是什么？它只在一种情况下产生，那就是在做工作时得到不同的结果，从而积累的经验。

比如，作为焊工，所焊接的物在不断升级，所获得的结果也每每不同，如刚开始时焊接防盗门，再之后是压力容器，到最后甚至是核反应堆容器。这个过程中难度不断升级，获得的结果不同，积累的经验也在不断增多。这便是有效的经验积累过程。

虽然在招聘中，具备多年销售经验的人似乎比刚毕业的大学生更占优势，但并非绝对。如果一个人有销售经验，但业绩一般，缺乏创新思维和变革探索精神，那么这样的工作经验并不具备太多的价值。相反，一个学习能力和创新能力强的毕业生，也许只需要经过几个月的学习就能达到前者的水平，如果再积极寻找新客户来源，其销售业绩甚至可能超过前者。因此，并非所有的工作经验都是有价值的。当然，也有一些工作经验是他人很难轻易学会的。

所以，请思考一下你现在的工作，如果一个刚入职场的新手，在学习了

3个月或半年后能和你做得一样好，那么你的经验还具备价值吗？但如果他需要花费3年或更长时间才能达到你的水平，比如在大型平台上运营、带领团队、负责跨部门团队合作等，你认为这样的经验能够轻易学会吗？有效的工作经验具备两个特点：稀缺性和不可替代性。

许多人说："你看我多么勤奋，每天准时来公司，从不懈怠，即使每天重复相同的工作，我仍然很努力。"确实，你非常勤奋，但这只是体力上的勤奋，并非智力上的勤奋。你只是不断地重复工作而已，并没有进行脑力上的努力。掌握一份工作可能需要一年甚至几年的时间，但一旦成为熟练工，后面的重复性工作就意味着学习的停滞。你可能已经重复工作了20年，但你的有效经验可能仅限于最初的3~5年。

对于身处职场的我们，不妨时常问问自己，现在的工作和3年前的工作是否完全相同？现在的技能是否与3年前掌握的一样？现在的综合实力是否与3年前一样？如果答案是肯定的，那么就要引起警觉，也许我们已经放弃了有效的经验积累，也放弃了自己的成长。

五、为什么必须积累有效经验

对于身处职场的我们来说，一定要积累有效的工作经验，其中一个重要的原因就是我们未来很可能会面对失业的考验。

有数据显示：2020年，在中国，民营企业的平均寿命仅3.7年，中小企业平均寿命更是只有2.5年；大企业（世界500强）平均寿命不足40年，世界1000强企业，平均寿命均不足30年。

这意味着什么？如果25岁参加工作，65岁退休，那就是40年。即便你开始就在世界500强工作，退休时，企业刚好倒闭。

其实，不仅企业短命，行业的命运也如此。新生代可能压根不知道世界上还有一种东西叫邮票，而在邮票行业工作的人，就要面对转换行业的事实。可见，一辈子在一家企业、一个行业的想法已变得越来越不现实。这个时候，如果学校仅要求学生学一个专业，显然是跟不上时代发展的。

因此，我们应该明白，在当下企业寿命普遍较短的情况下，新一代人不可能一辈子只做同一份工作，他们一生至少会换 3~5 份工作，甚至可能跨越 2~3 个行业。这说明，无论现在多么努力，未来都要经历失业和再就业。

从前文提到的那个拥有百万年薪的房地产行业朋友的例子可以看出，一旦转行，人的工作经验就不再起作用了，除了一些基本的职业素养和通用的方法外，之前在垂直业务中积累的工作经验对现在的工作没有任何帮助。

所有经验都是基于过往的工作，而时代在不断发展，能力需要不断提升，过去的经验和业务知识已无法解决现在的问题，新的工作需要与此相关的工作经验和新的知识架构。

因此，公司在招聘时通常要求具备同岗位的工作经验。一般来说，拥有同岗位的工作经验可以减少新工作的试用期和不必要的麻烦，员工可以快速适应新的工作环境，尽快进入工作状态，缩短磨合期。很少有企业愿意陪员工一起成长，这个时间成本大部分企业不会接受。

但实际上，我们大多数人工作经验的多少与入职后的表现并不是强相关。说明，在招聘时根本无须特别考虑工作经验，招聘者用工作经验作为硬指标来筛选人才，和随机刷掉一半简历几乎没有区别。

那么经验真的就一文不值吗？也不尽然。经验的重要性取决于所在领域小概率事件产生的影响。拿飞机驾驶来说，小概率事件可能对飞机和人员造成毁灭性的影响，在这种极端情况下，不同的驾驶员会带来不同的结果，因此老司机和新手完全不同。

工作经常变化是未来的一个普遍现象。在信息时代，很多简单重复或重要机械的工作都可能会被机器人取代，进而导致许多人失业。例如，银行柜员这样的职位在未来会逐渐减少，如果没有其他技能，这群人将会非常尴尬。

工作的快速变化和不可预测性是现实的。未来，人们可能只需要每天工作三四个小时，每周工作 3~4 天。这将释放出大量的时间，人们需要找到打发这些时间的好方法，故而美食、旅行、玩游戏以及新的娱乐方式将会流行，而创造这些消磨时间的玩乐方式将成为好的就业方向。

过去，我们一直认为努力可以改变命运，通过努力学习，考上好大学，找到好工作，完成人生进阶的路径是清晰的。但现在情况发生了变化，即使是眼下看起来不错的工作和行业，未来也可能会突然消退，导致失业。

未来是一个高度智能化的世界，经验驱动的工作将被计算机和机器人取代，很多人将被迫失业。如何让自己跟上未来发展的脚步，不被时代淘汰，你做好准备了吗？

六、长期主义

长期主义不仅仅关乎目光长远和耐心，它更是将目标和利弊算得更长远的一种思维方式。

假设你生活在上海，想要购买一套 80 平方米的房子，总价约为 500 万元，首付 150 万元。你目前的月收入为 1.5 万元，每年能够攒下 5 万元。如果完全依靠你自己的力量，需要 30 年的时间才能攒够首付款。

类似的问题还有很多，比如在人才竞争激烈的大城市，你能否在 35 岁时成为企业的中高层管理者？能否为退休的父母提供体面舒适的晚年生活？

你的孩子能否上私立幼儿园？……当你开始认真思考这些问题时，你已经在逼迫自己做出长远的规划了。

这些梦想、焦虑等，是年轻人践行长期主义的最好动力。只有当我们将视线放到更长的时间维度，去考虑更大、更长远的问题时，才能意识到自己未来需要努力实现的目标，从而开始在当下积累让自己未来更有价值的能力，选择一个更有前途的方向，并将对未来的焦虑转化为意识和行动，始终注重长远和大局。

当我们想在上海这样的大城市购买房屋时，就需要制定长期目标和长期计划。如果工作3~5年后月薪仍然低于两万元，那就需要考虑挑战高薪的机会，比如争取年薪50万元的工作。当然，我们不能盲目自大。在未来的3~5年中，我们需要学习获得年薪50万元以上工作所需的技能，并将这些技能分解为日常的小目标，一步一步地成长。

七、终身学习

自由学习的重要性在于能够使我们博采众议。作为自由的终身学习者，我们沉浸在各种信息的海洋中，自然而然地习惯了验证消息，并培养起怀疑精神。虚假信息对我们来说就像疫苗一样，不断更新我们的知识体系，让我们保持成长性思维，随时准备颠覆和超越自己。学习是塑造自己知识体系并成为知识体系主人的过程。它使我们能够认识世界、认识自己，并发展更优化的与世界互动的方式。学习是使我们的知识体系和世界运行系统不断融合进化的过程，而我们必须成为学习的主导者，明确自己的学习进展，才能真正体现学习的意义。生活本身就是学习的最佳调整器。

学习，特别是渐进式学习，应该是更新自己的知识体系并掌握它的发展规律，乃至明晰学习和生活的意义。在学校里，我们学习了一系列关于科学方法的知识。然而，在这个知识快速更新的社会里，只有大量地学习和探索才能让我们接近真理。

简单来说，在未来，人们对工作的定义将截然不同。现在我们所说的工作可能是公司的白领、会计师、快递员或工厂技术工人。但在 20 年后，所有的工作可能都需要特殊的技能，这些工作不容易被取代，因为所有重复性的工作都将被人工智能所替代。

20 年后的工作无一例外地需要特殊技能和才华，因为你的竞争对手不再是身边的同事，而是人工智能。当新时代的浪潮迎面而来时，只有那些真正掌握了自我学习能力的人才能在未来保持不断地自我更新。努力发现自己在某个领域的兴趣，并不断培养自己的专业能力，成为该领域的专家，才是应对未来的好方法。即使不考虑失业问题，从培养终身爱好和专长的角度考虑，投入时间和精力去学习也是绝对值得的。

20 年很遥远吗？并不。20 年后，那些不能养成自我学习习惯、不能持续不断地学习进步的人将成为新时代的下岗工人，他们退休还太年轻，从零开始学习又太老。

八、关于教育

幸福的童年可以治愈一生，不幸的童年需要一生来治愈。

在孩子的教育方面，我认为第一点要做到的是陪伴。家长需要抽出时间陪伴孩子，特别是在语言沟通的时间和质量方面，它对孩子的认知能力提升有着很大的影响。有一项调查发现，那些有意识地陪伴孩子、给孩子讲故事和进行语言交流的父母，能让孩子在三四岁时比同龄人多掌握几千个词汇，这使得孩子与同龄人拉开了很大的差距。因此，使用语言非常重要。

另外，父母的行为对孩子也有重要影响。父母要以身作则，通过实际行动来影响孩子。比如，孩子看到父母经常翻书，他们也会跟着翻书。我们需要带头，让孩子追随我们的脚步。

第二点要做到的是与自然界和社会和谐相处。

假设你生了一个非常聪明的孩子，他将来可能成为国家和社会的贡献者，但他的居住地可能离你很远。也或者，你生了一个智力不太出众的孩子，但是这个孩子可以守在你身边。无论是哪种情况，我们都要保持对他的爱。

我们下一代的情况与我们应该不同，我们无法为他们规划未来。然而，我们可以告诉他们，无论未来如何，他们都应该以多样性、包容和善意的态度来释放对这个世界和群体的爱。

一个人的存在价值不应该仅取决于成绩或某种功能。作为父母，我们希望孩子取得成功，但不要期望太高。我们应该放平心态，对他们有自然的期望。实际上，每个孩子都能拥有丰富而精彩的一生。作为父母，我们的任务是帮助孩子探索世界，让他们发现自己的优势，并探索生活中的各种可能性，而不是期望他们在某个方面超凡脱俗，成为异于常人的人。

九、教育的目的

曾任微软全球副总裁的李开复在媒体采访中提到，在微软内部有一项研究表明，在公司工作了10年的人只有5%的知识是来自大学的，其余95%的知识是通过在工作岗位上的自学获得的。因此，大学最重要的事情是教会我们如何学习。

那么，经过 4 年的大学学习，我们将学到什么？当我们毕业时，试着把在大学里学到的所有知识都忘掉，剩下的才是真正接受的教育。这意味着我们在大学里真正学到的是自我学习能力和分析能力。

由此我们必须正视一个问题：教育的目的和意义是什么？是为了获取技能？是为了表达自己？还是为了与他人沟通？

教育的目的是帮助孩子更容易地在未来的生活中寻求幸福，并实现自己的价值。

美国的一位法官布朗曾这样描述教育：教育是帮助孩子更成功地在未来的生活中寻求幸福（注意，是他们个人的幸福，不是他们家庭或学校的），而不是为社会机器培养一个合适的螺丝钉。这句话告诉我们：我们接受教育不是为了成为社会机器的一部分，而是为了释放出最好的自己。教育应该倾听孩子的声音，帮助他们找到自我，并在未来的生活中追求他们所渴望的幸福。

随着时代的发展，每一代人的追求和面临的情况都发生了巨大变化。那么，我们的教育观念是否能够适应时代的发展呢？如果我们用追求生存和成功的观念去教育需要实现自我的孩子，结果会不会跑偏？

在我们的一生中，有许多愿望需要实现，包括事业、财富，以及爱情、亲情和友情等。大多数人熟悉心理学家马斯洛提出的需求层次理论。这个理论将人的需求分为生理需求、安全需求、归属与爱的需求、自尊需求以及自我实现需求。而位于需求层次顶端的，则是自我实现需求。马斯洛认为，即使满足了前四项较低层次的需求，如果我们止步不前，依然会感到厌倦和无趣。

自我实现的意义何在？或许可以用一种文艺的方式回答：如果我现在还处于爬行阶段，你问我飞翔的意义，我只能说风会告诉你答案。

　　马斯洛提出，自我实现者相较于普通人更频繁地拥有巅峰体验，而巅峰体验是自我实现的标志之一。巅峰体验代表着极大的幸福感、敬畏感、和谐感以及与可能性共融的体验。马斯洛曾说过这样的体验"无法用言语描述清楚"。在巅峰体验中，人们会感到与环境、时空高度融合，仿佛找到了自己在宇宙中的位置，产生了一种顿悟感，个体的存在和行为也因此获得了深刻的意义。巅峰体验不仅可能出现在日常生活的简单活动中，还可能发生在盛大场合和特殊事件中。这种体验的持续时间通常从几秒到几分钟不等。

　　总而言之，自我实现是一个人不断发展和追求个人价值与目标的过程。它可以给个人带来成就感、幸福感和意义。自我实现者能更频繁地经历巅峰体验，这是他们实现自我的标志之一。巅峰体验带来的改变能够为人生注入新的活力。自我实现既是满足个体内在需求的方式，也能为他人和社会带来一系列意义。

　　那么，到底什么是自我实现？又有哪些因素影响我们达到自我实现的状态？学界对自我实现这个概念有不同的解释，但总体来说，它指的是个人不断发展潜力，追求与自身潜能相一致的动态过程。有些学者认为，自我实现是人的内在驱动力，激发我们不断挖掘和发展与生俱来的能力与才华，使其发挥最大潜力，并最终引导我们找到人生的道路。

　　马斯洛认为，自我实现就是个人做适合自己又有能力做的事情的状态。他曾推测，全世界只有不到2%的成年人实现了全部潜力，但许多人也能接近"自我实现"的状态。

　　而卡尔·罗杰斯则提出了"机能充分发挥的人"这一概念来描述自我实现。他认为，机能充分发挥的人能够不断靠近自我实现的状态，他们既现实又社会化，行为得体。与此同时，他们具有变化和发展的能力，不断自我提升，并保持对各种经验的开放心态。他们的自我发展和潜能逐渐趋于一致，并在社会和环境中寻找最佳平衡。他认为，自我实现是一个过程，而非终极状态。

自我实现是一种满足后持续增长的愿望。与需求层次理论中的其他需求不同，自我实现无法达到最佳状态。它的标准会随着每次满足而不断提升，形成正反馈循环。当我们进食时，食欲（生理需求）会逐渐降低。然而，随着整体个人品格的提升和潜力的逐步开发，我们会越来越渴望发现和拓展更多的能力。

十、被混淆的木桶原理和长板效应

在追求知识的过程中，我们常常因为焦虑而盲目地进行"恶补"。这种现象与木桶原理密切相关。简单来说，木桶的容量取决于最短的那块木板，也就是说，我们需要弥补什么缺陷就要进行有针对性的学习，将短板补足。而与之相对的是长板效应，它指的是一个人在各个方面的能力好比一块块板子，能达到的高度取决于最长的那块板子。这两种理论都有其合理性。然而，木桶原理的成立有一个前提条件，那就是组成部分必须构成一个系统，这个系统的各个环节相互连接，不可或缺。

在以前，如果以家庭为单位，像农耕，那么家庭本身就是一个系统，耕地、播种、灌溉、饲养等方面必须精通，否则就无法获得好的收成；像在作坊中，加工、销售、算账、维修等方面也必须样样精通，否则无法正常运营。然而，时代发生了变化。在当今的时代，外包、组团和兼职遍布，每个人都只是其中的一块木板而已。在这样的时代，企业只需要专注于自己的核心竞争力，其他事情都可以外包。企业不再追求"大而强"，而是更多地追求"小而精"。

我们只需要拥有一项技能，就可以组建自己的团队，雇用或者合作都是可行的。如果一个人在某一个领域达到了其他人无法替代的地步，甚至不需要亲自经营，别人也会找上门来。值得注意的是，胜利者往往越来越全面。这种增益效应，也可以说是正反馈或者滚雪球效应。在这个高度相互联系、高速运转的社会中，一旦你顺应某种趋势，并采用正确的方法，你的领先速度将会非常快。你的优势会被迅速放大，反射回来，你就会进入一个爆发式增长的状态。

在传统的物理世界中，个人要出人头地必须兼具多项能力，不能有明显的短板。但在互联网世界，木桶原理被长板效应颠覆了，个人只需要将自己最擅长的方面做大做强即可。

十一、适应比规划更重要

让我们先看一个著名的案例。1953 年，哈佛大学曾进行过一项关于目标与人生结果的调查，发现 27% 的人没有明确目标，60% 的人目标模糊，10% 的人目标明确但比较短期，只有 3% 的人目标明确且长远。经过 25 年的观察后发现，目标越长远的人过得越好，其中那 3% 的人成了顶级精英，而那 27% 的人过得很糟糕。然而，调查证实，这完全是一个虚构的故事。为什么这个虚构的故事会被广泛流传呢？因为它符合我们对错误判断的期望，我们总是希望未来能被详细计划、规划和设定，父母也希望孩子能早日安定下来，不再摇摆不定。

在我看来，最让孩子受伤的方式是在所有需要做出重要决定的时候不允许他们去选择。从小学到大学，从结婚到买房子，父母都在替孩子做决定，甚至连工作都帮他们安排好了。因此，当他们到了面临真正的职业变化时却一脸迷茫，发现自己从未为自己做过决定。所以，在当今社会，一个更为适宜的人生态度是适应而不是规划。我们应鼓励孩子具备跨界整合的能力，保持好奇心，拥抱变化，在适当的时机创造自己喜欢的事业。

因此，孩子的适应能力比父母给予他们的人生规划更为重要。他们需要对世界万物保持好奇心，以好奇的心态去迎接未来，尝试更多、体验更多，并在合适的时机选择从事他们真正喜欢的事业。

十二、学会幸福

幸福是一种有意义的快乐。有些人能够将兴趣转化为热爱，而另一些人则能找到工作背后的意义。这些都让人们觉得，尽管工作可能并非最成功，但却可以很幸福。

在网上看过这样一个故事：

有一天，在一个小吃店吃饭，走进来一个中年人，提着一把小提琴，旁边跟着他的女儿。

小姑娘刚刚参加过小提琴的三级考试，没考过，嘟着嘴很不开心。她父亲就说："爸爸当年给你报这个小提琴班，不是为了让你过级。爸爸就是希望有一天你长大了，爸爸不在你身边，你觉得不开心了，把琴箱打开，给自己拉一曲，那个熟悉的音乐环绕着你，就好像爸爸还在你身边一样。我就希望你有一个这样的爱好，能时刻陪伴着你。"

在一个不是每个人都能成功的世界，一定要让你的孩子拥有幸福的能力。

后记

未来，我们要拥有什么工作技能，才能不被社会淘汰？我们要怎么做，才能让我们的工作经验有效、有用，为我们的工作增添助力？

未来是一个不再需要全能人才的时代，大家需要相互协作形成一个整体。因此，掌握属于自己的核心技能变得尤为重要。在一个高度互联、高速运转的社会中，只要你能顺应趋势并运用正确的方法，你的领先速度就会非常快，也更容易进入爆发式增长模式。

未来，机械性、纪律性、重复性的工作将会被机器取代。我们需要让自己做更感性、人情味更浓的工作。

回望人类的历史，我们发现，人类总是在一个特定的时段内以为明白了一些绝对的真理。但是，到后来才发现这些当初觉得坚定而不可动摇的真理，在未来不光会变化，而且经常变，还变得非常厉害。

这种唤醒人类认知的大改变人类共经历了4次。

一是哥白尼把人类生活的地球从宇宙的神坛上给拽了下来。让我们明白，地球根本就不是宇宙的中心。二是达尔文把人类从地球生物的神坛上又给了拽下来。我们人类只是走得最远的猴子。三是弗洛伊德把人类的自我从人类意识的神坛给拽了回来，我们人类每天都在做很多非自我的决定。第四次就是把人类和机器之间的隔断打通。生物与机器都是在不断进化的，目前我们正在迎来生物和机器联通的时代。

最后，用一个故事结束本书内容：西西弗斯触犯了众神，诸神为了惩罚西西弗斯，便要求他把一块巨石推上山顶，但由于那块巨石太重了，每每快推上山顶时就又滚了下来，于是他就不断地重复、永无止境地做这件事——诸神认为再也没有比进行这种无效无望的劳动更为严厉的惩罚了。西西弗斯的生命就被这样一件无效又无望的劳作慢慢消耗殆尽。如果人生是一场西西弗斯的游戏，我们总要将这块石头推向山顶，那么我们就应该考虑一下，要不要换一座山？

西西弗斯推巨石